シリーズ21世紀の農学

世界の食料・日本の食料

日本農学会編

養賢堂

目　次

はじめに ……………………………………………………… iii
第1章　世界の食糧事情と日本農業の進路 ……………………… 1
第2章　世界の畜産事情と日本畜産の可能性 …………………… 23
第3章　世界の水産事情と日本水産業の課題 …………………… 39
第4章　食糧危機を克服する作物育種 …………………………… 69
第5章　畜産物の安定供給をめざした技術開発の動向 ………… 83
第6章　水産物の安定供給を目的とした技術開発 …………… 101
第7章　持続性・循環を目指した農業生産技術・システムの
　　　　総合的評価 ……………………………………………… 117
第8章　食料の安定供給と安全確保をめざす農薬利用技術 …… 131
第9章　動物感染症の制御と畜産物の安全 …………………… 151
シンポジウムの概要 ……………………………………………… 167
著者プロフィール ………………………………………………… 175

はじめに

鈴木　昭憲
日本農学会会長

　日本農学会は，農学に関する専門学会の連合協力により，農学およびその技術の進歩発達に貢献することを目指し，広義の農学系分野の学協会連合体として，昭和4年（1929）に設立され，本年，学会創設80周年を迎えました．この間，日本農学会は，農学を人類の生存と発展に貢献することを究極の目標に，自然科学と社会科学の広い分野を包含する総合科学としてとらえ，その発展と普及を使命として活動しております．

　さて，日本農学会では，日本の農学が当面する課題をテーマに掲げ，それに精通した専門家に講演を依頼し，若手研究者や農学に関心をもつ一般の方々を対象としたシンポジウムを平成17年度から毎年10月に開催しております．

　平成21年度は，学会創設80周年記念シンポジウムとして，「世界の食料・日本の食料」をテーマに開催いたしました．

　世界の人口は，2050年には90億人を超えるまでに増加することが予測されています．それにともない世界の食料総需要量は，今後も増加傾向となることが確実であり，食料の安定供給と安全確保は人類生存の最重要課題となっております．また今日の食料問題は，こうした人口増加のみならず，グローバリゼーションの進展，新興国の経済発展，南北格差の拡大，食生活の高度化，地球規模の気象異変等といった食を取り巻く諸条件の変化によって，より複雑化・深刻化しております．これまでも，そしてこれからも食料問題の解決は，農学に課された最大の使命でもあることはいうまでもありません．そこで本シンポジウムでは，各分野の専門家から，農産物，畜産物，水

産物における食料需給の現状と展望とともに，さらに食料の安定供給と安全確保を目的とした技術開発について紹介していただき，さらに，今後の農学の果たすべき役割と課題についても議論を深めていただきました．ここに，シンポジウムにおける講演と討論の概要をできるだけ平易にまとめ「シリーズ21世紀の農学」シリーズの1冊としてまとめ刊行いたしました．

　本書の刊行によって，この人類にとって重要な食料問題に対する社会の理解が一段と深まることを期待いたしております．

第1章
世界の食糧事情と日本農業の進路

大 賀 圭 治
日本大学生物資源科学部

1. はじめに

　2006年後半から，穀物，大豆，砂糖など食糧の国際価格が激動している．小麦，トウモロコシ，大豆の国際価格は2006年後半から，また，コメの国際価格は2007年末から上昇し，2008年の2月から7月初旬にかけて，史上最高値を更新した．その後，2008年後半には一転して急落し，2009年1月には最高値に比べおおむね半値にまでなった．しかし，穀物等の価格は，その後下げ止まり，2006年初めの価格水準と比べると，2009年11月末現在で約1.5～1.8倍と，かなりの高値水準にある（図1.1）．

　2008年前半における穀物，大豆の国際価格の暴騰は，アメリカの金融危機に端を発する世界的な不況への突入により，投機資金が石油や穀物などの商品市場へ流入したことが最大の要因と見られている．しかし，穀物等の国際価格の下落後の水準が世界的大不況の最中でも，なお高水準を維持している背景には，世界的な食糧需給の構造変化がある．

　その第1は，食糧がバイオマス燃料の原料として登場し，人間のエネルギー源としての食糧と自動車の燃料としてのエネルギーの競合が本格化してきたことである．アメリカのトウモロコシ価格は図1.2に見るように原油価格が2003年頃から上昇に転じたのに対して約1年遅れて2004年頃から上昇を始め，両者は2000年7月に史上最高値をつけた後，暴落し，その後再上昇するというように，ほぼ連動して上昇，下落している．

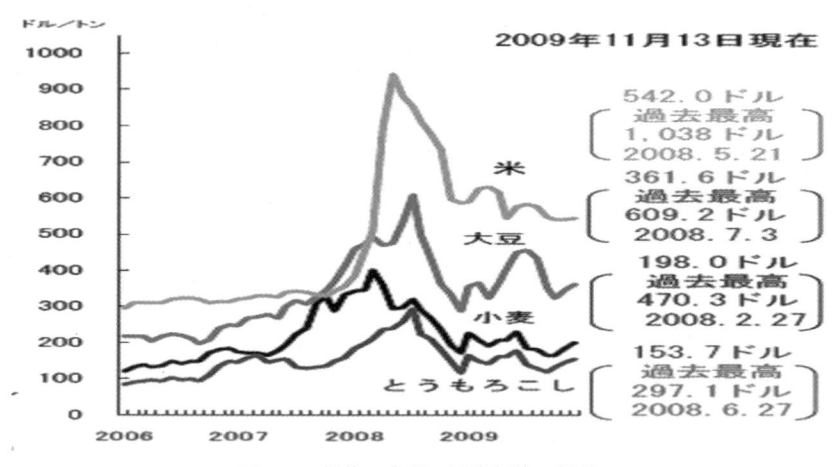

図 1.1　穀物，大豆の国際価格の推移
注1：各月第1金曜日（米は第1水曜日）に加え，直近の最終金曜日（米は最終水曜日の価格）を記載.
注2：米以外の過去最高価格については，シカゴ商品取引所の全ての取引日における最高価格
出所：農林水産省ホームページ　食料需給インフォメーション

　構造変化の第2は，世界最大の人口を有する中国，インドやブラジル，ロシアなどの急速な経済成長による資源需給および食糧需給構造の変化がある（柴田，2007）．構造変化の第3には地球規模の気候変動の影響といった中長期的に継続する構造的な変化がある．

　さらに，こうした状況の中で，輸出国による輸出規制が広がっていることも影響している．コメについては，2007年末から2008年3月にかけて国際価格が急上昇したが，農産物の中でも特に貿易量の割合が低く，輸出を少数かつ特定の国で占めている中での，国際小麦需給の逼迫による代替需要が増加し，ベトナム，インド等の主要輸出国で輸出規制が相次いで実施されたことが，大きな要因となっている．

2．バイオマス燃料と食糧

　バイオ燃料の主なものは石油代替エネルギーとしてのエタノールおよびバイオディーゼルである．エタノールは，人類の誕生とともに古いといわれる

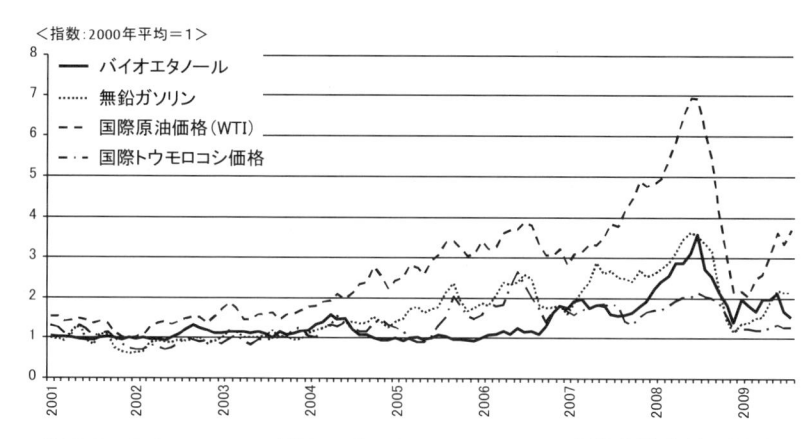

図 1.2 トウモロコシ，原油，ガソリン，エタノールの国際価格指数の推移
(出所) 小泉達治氏作成

(注) 1. 国際原油価格：WTI Spot Price FOB
2. ガソリン価格：無鉛ガソリン F. O. B オマハ.ネブラスカ価格の月平均価格
3. バイオエタノール価格：オマハ.ネブラスカ価格の月平均価格
4. 国際トウモロコシ価格：シカゴ商品取引所の第1金曜日の期近価格

酒類のエッセンスであり，バイオディーゼルは植物油を主原料とする．以下では，これら両者を総称してバイオ燃料またはバイオエネルギーと言うことにする．バイオ燃料のうち，2009年でエタノールが約8割，バイオディーゼルが約2割を占め（熱量換算），ヨーロッパ諸国でバイオディーゼルに重点を置いていることを例外として，エタノールが圧倒的な比重を占めている（小泉，2009）．

バイオ燃料の主たる原料である穀物および砂糖は，人間のエネルギー源としての食糧の中核をなすものであり，バイオディーゼルの原料となる植物油脂も，人間のエネルギー源としての重要な食料である．

(1) アメリカのエタノール燃料政策

世界のエタノール生産（2008年）の89％はアメリカとブラジルで占めている（図1.3）．アメリカにおける燃料用エタノール原料としてはトウモロコシが約9割とその大部分を占め，2008年にはトウモロコシの生産量の約3割がエタノール原料となっている．アメリカのトウモロコシのエタノール生産に

向けられた量は，2007年以降，輸出量を上回っている．

　2006年1月，アメリカのブッシュ大統領は年頭教書において，エネルギーの自立政策の重要な柱として，バイオマス燃料の開発，利用を促進することを明らかにした．バイオマス燃料の推進には冷淡だったブッシュ政権の政策転換は，イラク占領の短期的解決が不可能となり，中近東からの安定的な石油輸入確保の見通しが暗くなったことがある（大賀，2007）．

　2007年1月の一般教書では，具体的数値目標として，2017年までに，アメリカ国内のガソリン消費量を10年間で20％削減する方針を打ち出し，ガソリンの代替燃料として再生可能燃料を年間350億ガロン供給することを明らかにした．

　仮に，この全てをトウモロコシ原料のエタノールで賄うとすると，約3億3千万トンのトウモロコシが必要となる．これは世界最大のトウモロコシ生産国であり，輸出国でもあるアメリカの2008年のトウモロコシ生産量の約1.2倍，世界のトウモロコシ生産量7億トンの約半分，穀物総生産量20億トンの約16％となる．なお，草本系，木質系のバイオマスを原料とするいわゆる第2世代のバイオ燃料の実用的な生産技術はまだいつのことになるのか見通しがついていない．

　2007年の12月成立したアメリカの「2007年エネルギー自立・安全保障法」

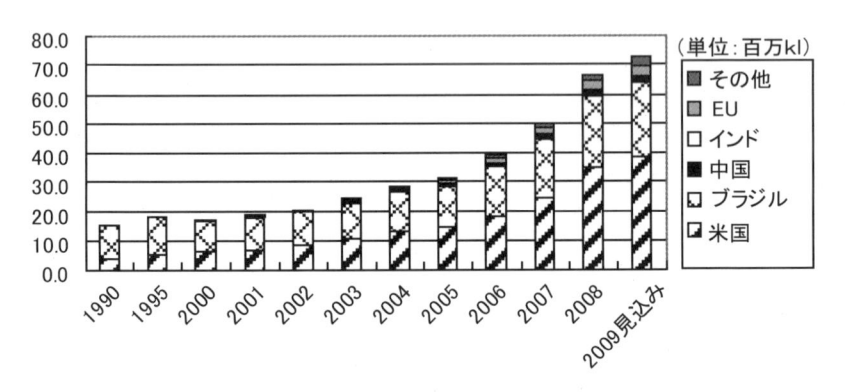

図1.3　世界の燃料用エタノール生産の推移
（資料）F. O. Licht（2009），"F. O. Licht World Ethanol & Biofuels Report"

(Energy independence and Security Act of 2007) では，「再生可能燃料基準（Renewable Fuel Standard）」において，2022年までにその生産を360億ガロンとすることとした．再生可能燃料の大部分はバイオ燃料である．また，2008年6月には，「2008年農業・保全・エネルギー法」が成立し，エタノール生産が農業政策の重要な柱として法的にも明確に位置づけられた（小泉，2009）．

エタノールの燃料利用の影響について，アイオワ州立大学の研究者が農務省の委託を受けて行った研究によれば，アメリカは2013年以降，トウモロコシの純輸入国になり，アルゼンチンがトウモロコシの主要輸出国になるという衝撃的な予測結果を明らかにしている（Elobeid, 2006）．

（2）ブラジルのバイオ燃料政策

ブラジルは世界最大の砂糖の生産・輸出国であるが，同時に世界第2位のエタノール生産国であり，世界最大のエタノール輸出国である．ブラジルでは，さとうきびを原料としてエタノールを生産しており，現在では，さとうきびの生産量の約半分がエタノール生産の原料となっている．

ブラジルでは，砂糖工場の多くは砂糖とエタノールを価格の状況に応じて柔軟に切換えることができるように，両者の生産ラインを備えている（小泉，2007）．また，ガソリンとエタノール比を双方の価格比に応じて柔軟に変えることが出来る「フレックス車」が新車販売台数の8割近くに達している．このため，近年では国際粗糖価格は国際原油価格と連動するまでになっている．ブラジル政府は最近エタノールの輸出拡大政策が明確に打ち出し，日本，中国および中南米諸国をターゲットにエタノール輸出を推進している．

ブラジル政府は，バイオディーゼルの生産，利用も推進している．ブラジルは，世界第2位の大豆生産国であるとともに，大豆輸出でもアメリカに次ぐ世界第2の輸出国である．ブラジルにおけるバイオディーゼル計画の推進はブラジル国内にとどまらず世界の大豆，大豆油，大豆粕の需給に大きな影響を与える．

（3）EU，中国，日本のバイオ燃料政策

EU諸国は，バイオディーゼルの生産では世界をリードしている（図1.4）．EUではバイオ燃料のなかでも，バイオディーゼルのウエイトが高い．EUにおけるバイオディーゼルの主たる原料は域内で生産される菜種である．バイオディーゼルは，植物油にメチルアルコールを化合させてメチルエステル化したものであり，エタノールが同質の化学物質であるのとは異なり，原料としての植物油によって沸点融点などの化学的性質に違いがある．

欧州連合（EU）はバイオマス燃料の利用を強力に推進している．2008年3月EU閣僚理事会は，2020年までにエネルギー消費の少なくとも10％を，バイオ燃料のほか，風力や水力など再生可能なエネルギーで賄うことを加盟国の義務とする決定をしている．

中国では，経済の高度成長を背景とした石油需要量の増大による石油輸入依存度の軽減を目的として，エタノールの燃料利用政策を推進している．中国のエタノール生産は，黒龍江省および吉林省ではトウモロコシから生産，河南省および安徽省では小麦から生産されている．

中国では中央政府はエタノールの原料を保管中に劣化した穀物「陳化糧」に限定してきたが，トウモロコシのバイオマス燃料向けと飼料用との間に競合関係が深刻になってきている．

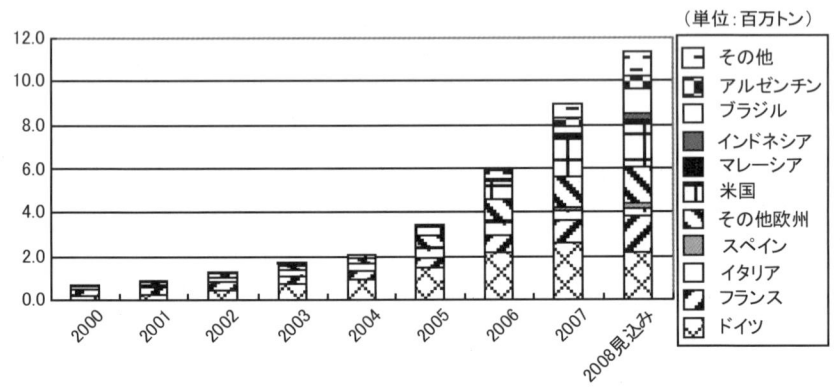

図1.4 主要国のバイオディーゼル生産量の推移：植物油脂の燃料用への転換
（資料）F. O. Licht （2008），"F. O. Licht World Ethanol & Biofuels Report"

その他，近年では，インド，タイ，マレーシア，インドネシア等でも，トウモロコシ，キャッサバ，サトウキビなどを原料とするエタノールをガソリンと混合して自動車燃料として利用を推進し，また，植物油脂を軽油に混合して燃料として利用するバイオディーゼルの研究開発や普及の促進が図られている．

日本でも燃料用のエタノール生産・普及の推進が図られているが，「揮発油の品質の確保に関する法律（品確法）」において，エタノールのガソリン混合許容値は3％までとされ，バイオマス燃料の普及は諸外国と比べると著しく立ち遅れている．

（4）穀物価格上昇の要因

2000年代における国際穀物，大豆，砂糖価格上昇の主要な要因は石油価格の高騰に伴うバイオマス燃料需要の急増である（服部ら，2008および服部，2008）．

前述のアイオワ州立大学のCARD（Center for Agriculture and Rural Development）は，2006年11月，アメリカ農務省からの委託による，原油価格高騰によるエタノール需要の増加を介した穀物価格への影響予測研究について暫定的な結果を公表した（Elobeid, 2006）．2007年5月には，この予測を修正した研究結果がCARDのホームページに掲載された．その予測結果によれば，国際的に原油価格の代表的な指標とされるWTI（West Texas Intermediate）の市場価格が，2006年秋のバレル当たり約54ドル程度に対応するトウモロコシの農家の受け取り価格を3ドル16セントと推計し，ガソリン価格，エタノール価格，エタノールのブレンド補助金（ガロン当たり現状の51セントの継続）等を想定したコスト計算をベースとして，トウモロコシの農家の受け取り価格（トウモロコシの損益分岐点価格）を計算し，原油がバレル当たり70ドルに高騰した場合に，それが4ドル43セントになると予測している．この予測結果から，単純に内挿してみると，WTI（原油価格）がバレル当たり60ドルでトウモロコシの農家の受け取りは3ドル64セント（トン当たり143ドル），外挿すると原油バレル100ドルで同6ドル81セント（ト

ン当たり268ドル）と試算される．

　この予測を基準にして考えると，2008年11月7日のWTI原油価格ガロン約60ドルに対してトウモロコシの期近価格ブッシェル当たり3ドル71セント（トン当たり146ドル，農家受取価格はこれより数セント低い）は，ほぼ妥当な価格水準ということになる．

　FAOの2008年 State of Food and Agricultureでは，このアイオワ大学の分析手法とほぼ同様なエタノール生産におけるトウモロコシ価格と原油価格の損益分岐点による分析が示されているが，これを最新データにより修正した結果を図1.5に示す．この図で見ても，現状の補助金等を前提とした場合には原油価格がバレル70ドルでのエタノール生産におけるトウモロコシの損益分岐点価格はブッシェル当たり3ドル50セント程度となる．現在ではアメリカのトウモロコシ価格はエタノールの生産コストに決定的な部分を占めるということから，ガソリン代替財としてのバイオ燃料を媒介として原油価格と連動する状況となっていることが明らかである．

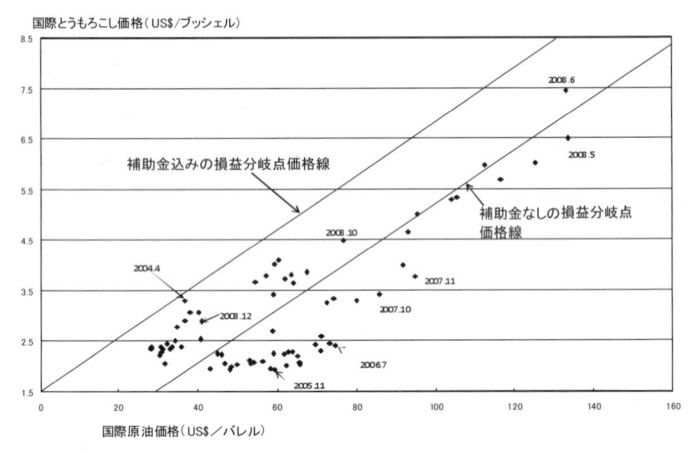

図1.5　アメリカのエタノール生産における原油価格・トウモロコシ価格の損益分岐点
（出所）FAO 2008 State of Food and Agriculture 邦訳ppの図をもとに，W. E. Tyner and F. Taheripour, "Renewable Energy Policy Alternatives For the Future" Amer. J. Agr. Econ, 89, pp 1303-1310 などのデータにより小泉達治氏作成
（注）国際トウモロコシ価格については，Corn No 2. Yellow, Chicago. 国際原油価格については，WTI Spot Price FOB である．

なお，この図から原油バレル当たり40ドルではトウモロコシは，補助金等がない場合にはブッシェル当たり2ドル程度，現状の補助金がある場合にはその倍のブッシェル当たり3ドル70セント程度となり，原油価格がバレル40ドル以下では，エタノール生産の原料としてのトウモロコシの価格は補助金なしでは2000年代前半のレベルに達しない．原油価格がバレル当たり40ドルを超えると，エタノール生産の原料としてのトウモロコシ価格が2000年代前半の市場価格に達し，アメリカの産業として自立できると言える．

　このように原油価格がバレル40ドル以上であれば，世界の穀物価格は基本的には原油価格に依存して決まるという構造になっている．おそらく世界経済全体の成長が数年にわたりマイナスになるような大恐慌に突入しない限り，世界の穀物や大豆，菜種などの油糧種子，砂糖の国際価格は基本的には石油に連動して決まることになる．食糧価格はトウモロコシが作付け地における大豆との競合，飼料需要をめぐるソルガム，大麦や低質小麦との代替関係を通じて密接に関連しており，さらに2000年代からはこれらが多少の時間的遅れを伴いながら石油価格と連動して上昇，下降する段階となっている．このため，穀物や砂糖，大豆など油糧種子などの食糧価格の変化を品目ごとの需給要因と投機要因で説明することはできなくなっている．価格変動の主役は石油であり，穀物等の価格はバイオ燃料の需給を媒介として連動する．

　原油価格が今後中長期的にどうなるかについては，国際エネルギー機関（IEAは，2008年11月12日に発表したThe Energy Outlook 2008において次のように展望している．世界の需要増や油田開発コストの上昇などを映し，原油相場は今年から2025年までの平均価格で1バレル120ドル（2007年実質価格）を突破し，30年には同200ドルを超える．需要に見合う供給を実現するには30年までで総額26兆ドルの投資が必要である．世界のエネルギー需要についてIEAは，高成長を続ける中国，インドなど新興国がけん引役となり，30年までに年平均1.6％のペースで増えると予測している．同年までのエネルギー需要の増分の半分強は中国とインドの二カ国が占める．原油については再生可能エネルギーなどの生産増を映し，需要の増加ペースは年率1％程度で推移すると見込んでいる．

3. 世界の人口増加の減速と中国の食料需給

人口増加が「爆発的」といわれた世紀は終わりを告げつつある．世界の人口は20年前に予想されて時点よりも早い時点で，安定水準に向かい始めている．

国連の世界の人口予測によれば，2050年の人口は2004年に発表された中位予測では91億人とされている（表1.1）．これは，1994年の中位予測における96億人，2000年の中位予測における93億人をかなり大幅に下回るものである．

世界の人口は中位予測では2005年現在の約65億人から，2020年に76億人，2050年に91億人である．世界の人口増加率は1960年代の年率2.0％から現在では1.1％へと半減し，今後もこの傾向は続き，2040年代には0.4％にまで低下すると予測されている．出生率も加速的に低下し，絶対数の増加でも現在の約8千万人から2040年代には約4千万人へと半減していく．

先進国の人口は約12億人でほとんど変わらず，2030年代以降は減少に転じる．人口増加のほぼすべてが開発途上国によるものであり，2005年の人口52.5億人が2050年には78.4億人と1.5倍，年平均増加率1.0％である．1960年から2005年までの45年間の2.5倍，年平均増加率2.1％に比べ，増加率でも半減する．世界的な人口増加率の大幅な低下は，今後の食糧需要に決定的に影響するが，その影響は長期的には低下していく．

表1.1 国連による世界の将来人口予測

		人口 百万人			年平均増加率 ％		
		世界合計	先進国	開発途上国	世界合計	先進国	開発途上国
実績	1960	3023	915	2109			
	1970	3697	1008	2689	2.0	1.0	2.5
	1980	4442	1083	3360	1.9	0.7	2.3
	1990	5280	1149	4131	1.7	0.6	2.1
	2000	6086	1193	4893	1.4	0.4	1.7
予測	2005	6465	1211	5253	1.2	0.3	1.4
	2010	6843	1226	5617	1.1	0.2	1.3
	2020	7578	1244	6333	1.0	0.1	1.2
	2030	8199	1251	6978	0.8	0.1	1.0
	2040	8701	1247	7454	0.6	0.0	0.7
	2050	9076	1236	7840	0.4	-0.1	0.5

世界最大の人口大国である中国の食料需給を規定する要因について見てみよう．まず，中国の人口は開発途上国全体の動きを10年先取りして進んでいる（表1.2）．

食料需要を規定する基本的要因は人口のほか一人当たり消費量である．そこで食料消費を総括的に見るために，一人一日当たり供給カロリー，タンパク質を見てみると（表1.3），2003年における中国の一人一日当たりの供給カロリーは2,940キロカロリーと日本の2,768キロカロリーに比べ200キロカロリー近く上回り，2000年代に入って増加率がダウンしている．また，一人一日当たりのタンパク質供給量では2003年に81.8gと日本の約9割の水準に達し，近年の増加の大部分は魚介類の増加によるものである（大賀，2006）．

中国の食料消費は，すでに量的には飽和水準に達し，穀類が減少し，果実，魚介類，牛乳・乳製品等へと消費の多様化が進んでいる．しかし，日本，中国，韓国など東アジアおよび東南アジア諸国では，エネルギー食料としては米のウエイトが突出して高く，タンパク質摂取において古くから大豆など植物由来の食料および魚介類の指向性が高いという点で，欧米型の食生活パターンとは大きく異なったパターンを示している．東アジアや東南アジアにおける畜産物の消費を中心とする欧米型の食料消費パターンへの接近は，過去20年の日本の例に見るように，一定の段階に達すると変化が緩慢となり，

表1.2 中国の人口の将来予測
単位：百万人，％

	1960	1970	1980	1990	2000	2010	2020	2030	2040	2050
人口	657	831	999	1155	1274	1355	1424	1446	1433	1392
年平均増加率	2.4	1.9	1.5	1.0	0.6	0.5	0.2	-0.1	-0.3	

資料：国連将来人口推計2004年，2010年以降は中位予測

表1.3 日本，中国，インドの一人一日当たりカロリー・タンパク質の供給

	日本		中国		インド	
	1970年	2003年	1970年	2003年	1970年	2003年
カロリー（Kcal／日）	2716	2768	2026	2940	2086	2473
タンパク質（g／日）	81.5	91.5	47.9	81.8	52.4	58.8

"資料：FAOSTAT, 2006"

いわば新たな東アジア型とも言えるパターンの定着が進むと見られる.

また，人類史上初めて栄養過剰を制御することが普遍的な問題として意識されることとなり，世界的に栄養不良と栄養過剰の両極化が問題となってきている．世界的にも欧米型の食生活が生活習慣病の大きな要因となっていることが明らかになってきており，米を中心とする中国，韓国など東アジア諸国の食生活パターンは，栄養的に満足できる段階に達した後は，健康的にも，医療的にも望ましいものとして，その定着が政策的にも推進されるであろう．

中国の中長期的な農業生産については，食料需要の拡大に中長期的にどの程度，対応できるとみるかについての見解が大きくて分かれている．レスター・ブラウン (1995) は，中国について，農地面積の減少と，単位面積当たり収量の停滞を主要な傾向と見て，2030年までに20％もの穀物生産が減少するとし，2億2千万トンもの穀物不足を予測している．

土地に依存する食糧生産は，その面積と単位面積当たり収量（以下「単収」と略す）によって決まる．そこで食糧生産の基礎となる資源としての耕地（定期的に耕紀され，播種される農地）と牧畜用の永年草地や樹園地を含む農用地面の人口一人当たりの面積を比較してみよう（表1.4）．

2003年における中国の一人当たり耕地面積は10.9アールと日本の3.4アールの約3倍もある．さらに，中国の草地を含む一人当たり農用地面積は42.3アールと日本の4.0アールの10倍以上もある．レスター・ブラウン氏 (2005) は食料の需給について中国が，日本の足跡をたどると考えているが，食料生産の基本的資源である農用地についてかくも大きな差があることを無視している．なお，中国においても日本と同様，耕地面積，農用地面積は宅地，道

表1.4 日本，中国，韓，インド，フランスの一人当たり土地面積比較

単位：a

	日本		中国		韓国		インド		フランス	
	1970年	2003年	1970年	2003年	1970年	2003年	1970年	2003年	1970年	2003年
耕地面積	5	3.4	12	10.9	6.7	3.5	28.9	15.1	34.3	30.7
農用地面積	6.4	4	45	42.3	7.3	4	32.1	17	64	49.4

"資料：FAOSTAT, 2006"

路,工業用地など都市等用地への転用および山間部などでの耕作放棄により減少を続けていることには留意する必要がある.

次に,いままで食糧生産の増加の圧倒的要因であった単収について見てみよう(表1.5).中国の米(籾)の単収は2005年にはha当たり6.26トンと日本の95％の水準にあるが,アメリカの7.44トンに比べれば84％とまだ10％以上の開きがある.中国の小麦の単収はアメリカの単収を大幅に上回り,日本をもわずかながら上回っており,増加余地は限られている.中国のとうもろこしの単収はha当たり5.15トンとアメリカの9.29トンの55％にすぎず十分な上昇余地がある.中国の大豆の単収もha当たり1.83トンと日本は上回るもののアメリカの63％であり,大幅に増加する余地がある.

レスター・ブラウン氏は中国では穀物等の単収がおおむね日本の水準に達したことを根拠に今後の停滞,さらには水資源の制約や土壌の劣化などにより減少すると予測しているが,生産技術の向上や普及によってさらに大幅に増加する可能性があると考えられる.

中国の穀物の輸入は1990年以降減少傾向にあり,逆に輸出が増加傾向にある.ところが大豆の貿易では1990年代以降,輸出が減少し,輸入が急増し,今や2000万トンを超え世界最大の輸入国となっている.

中国政府は1970年代末の改革・開放政策の下でも,穀類,大豆,いも類の基本食糧については,人民生活安定の基礎的物資として徐々に市場経済化を進めつつも,基本的に国家管理を続け,20年以上の長年にわたって国内生産と輸出入のバランスをとってきた.1990年代に入ってからは2001年の

表1.5 中国の米,小麦,とうもろこし,大豆の単収の日本,アメリカとの比較

単位:トン/ha

	中国		日本		アメリカ	
	1970年	2005年	1970年	2005年	1970年	2005年
米	3.42	6.26	5.63	6.65	5.18	7.44
小麦	1.15	4.23	2.07	4.11	2.09	2.82
とうもろこし	2.09	5.15	2.76	2.50	4.54	9.29
大豆	1.09	1.83	1.32	1.51	1.79	2.91

"資料:FAOSTAT, 2006"

WTO加盟をにらみつつ，国家管理を緩和し，農業保護を削減してきた結果として，1998年以降，農業生産の不振が続き，2003年，2004年には穀物価格の大幅な上昇を招いた．中国政府は食糧在庫を放出し，米，小麦の支持価格を大幅引き上げ，政府の農業投資予算の大幅な増額を行った．2005年，2006年にはその効果が現れ，中国国内における穀物の需給は小康を保っている．

中国は大豆については，国内における植物油および配合飼料用タンパク質原料としての大豆粕の需要の急増に対応して，ブラジル，アルゼンチンなど南米における大豆生産の拡大余地が多いことを見込んで，需要の拡大分は輸入に依存する戦略を選択したと考えられる．

中国政府は，市場経済化の下での食糧の国家管理という矛盾した政策のバランスを試行錯誤しているが，13億の人口を持つ中国が政策失敗のはけ口として，世界中から食糧を買い漁るようなことをすれば，国際市場を大混乱に陥れることになるリスクを十分に認識しているであろう．中国は食糧を基本的に自給することを（おそらく大豆を除いて）原則としており，資源的にもこれを実現できるだけの十分な資源を有している（大賀2006）．

4．バイオマス燃料推進の影響

(1) エネルギー安全保障

エネルギーの安全保障は，アメリカの「エネルギー自立・安全保障法（Energy Independence and Security Act of 2007)」にみるように，バイオマス燃料政策が推進される第1の要素である．近年における石油価格の高騰は，輸送，発電，熱源のための石油に代替するエネルギー源への誘因を強化し，振興経済諸国，特に中国とインドの急速な経済成長によるエネルギー需要の急増は将来のエネルギー供給に対する懸念を増大させている．先進国のみならず開発途上の多くの国においても，バイオ燃料の開発を促進する政策の主要な目的は，エネルギー安全保障であり，輸入エネルギー源への依存を可能な限り小さくすることである．

（2）温室効果ガスと土地利用変化—環境への影響—

バイオ燃料が政策的に促進される第2の要素は，環境への影響である．特に，多くの国が，地球温暖化にについて懸念し，温室効果ガス排出を減らすための政策の重要な要素として，石油の代替燃料としてバイオ燃料の利用促進を環境政策の柱として組込んでいる．

バイオマスを燃焼すること等により放出される二酸化炭素は，植物の成長過程で光合成により大気中から吸収した二酸化炭素に由来するものであることから，バイオマスは，その利用により大気中の二酸化炭素を増加させないという「カーボンニュートラル」と呼ばれる特性を有しており，我が国においても，「京都議定書目標達成計画」（平成20年3月閣議決定）において，目標達成の手段の一つとして，バイオマスの利活用が位置づけられている．

温室効果ガス排出への実際の影響は，土地利用の変化や原料のタイプなどのファクターに依存して変わる．バイオ燃料のメリットを適切に発揮させるためには，ライフサイクル全体を通じた温室効果ガスの排出量を把握し，化石燃料に比べて温室効果ガスの排出量を増加させないようにすることが重要である．

GBEPの検討に提出された資料（Horst Fehrenbach, 2008）における試算例によれば，原料作物の作付けによる土地利用変化が，バイオ燃料の温室効果ガス排出において決定的な役割を果たす（大賀，2008）．

この試算によれば，土地利用変化を除外して考えれば，南米のサトウキビを原料とするエタノール生産のGHG排出量は75％の削減となり，北米のトウモロコシを原料とする場合の約40％の削減を大幅に上回る．また，南米の大豆を原料とするバイオディーゼルの生産は約70％のGHG削減率，東南アジアのパーム油を原料とするバイオディーゼルの生産はGHG削減率が約75％のGHG削減率となり，EUの菜種を原料とする場合の約50％のGHG削減率を大幅に上回る．

ところが，北米の草地からの作付け転換を想定したトウモロコシを原料とするエタノール生産は，GHG削減率約30％になる．これに対して，南米のサバンナからの土地利用転換を想定したサトウキビを原料とするエタノール

のGHG排出量は，削減どころか石油の2倍となる．また，南米のサバンナからの土地利用転換を想定した大豆を原料とするバイオディーゼル生産は，石油の3倍近いGHGを排出し，東南アジアで熱帯雨林からの土地利用変換を想定したパーム油の生産は，石油の約1.6倍のGHGを排出すると計算されている．

南米におけるバイオ燃料の生産は，エタノール，バイオディーゼルのいずれについてもブラジルが圧倒的な比重を占める．ブラジルのサトウキビ栽培が盛んな中南部では多くが牧草地からの土地利用変化である．ブラジルでは全体としてみれば，農地，牧草地ともに長期的な増加傾向にあり，森林が減少傾向にある．ブラジルの2006年度のサトウキビ作付面積は690万ヘクタールで，8億5000万haに及ぶブラジル国土全体の0.8％，使用されている農用地2億8000万ヘクタール（うち牧草地2億1000万ha）の2.5％を占めるにすぎない．さとうきびの作付面積が倍増し，増加分すべてを牧草地からの転換によって確保したとしても，牧草地の減少幅は3％にとどまる（井上，菊池，2008）．

原料農産物の作付けによる土地利用変化については，どの時点からの土地利用変化を対象とするかという基準年の設定や，土地利用変化に伴うGHGの排出を何年間のバイオマス原料農産物の作付けと対応させるべきかという技術的な問題もある．

バイオ燃料を輸入する場合には，消費国では化石燃料代替によるGHG削減が達成される一方，生産国で土地利用変化によるGHG排出が生ずる．しかし，開発途上国には京都議定書上は排出規制がない．気候変動枠組み条約においては，先進国と途上国の差異のある責任，各国特有の事情を考慮すること，途上国の開発の権利を認めている．開発途上国においては，人口の増加，所得の増加に伴う食料需要の増加に対応する食糧生産のため，あるいは農産物の輸出のため，農地の開墾等が進められている．

開発と環境保全は，場合によってはトレードオフの関係にあるが，開発途上国領土内の自然資源については，自国の環境・開発政策に従って自国の自然資源を自由に利用する権利は尊重されるべきであり，また，地球上の全ての人間は適切な生低水準を享受する権利があり，そのために開発する権利を

有する．バイオ燃料生産の環境への影響を理由として開発途上国の農地開発など土地利用の規制することは多くの開発途上国の反発を招くと考えられる．

バイオ燃料のGHG削減効果の計測には，多くの不確実性，不確定要因のみならず，各国の内外の顕在的，潜在的な利害が複雑に絡んでおり，「客観的」という名の，様々な利害の妥協を可能にする基準あるいは計算方法を確定することは極めて困難であろう．

バイオ燃料の環境への影響は，GHGの排出削減にとどまらず，他にも土壌肥沃度／土地の生産能力や水資源，水質，さらには生物多様性および生態系保全などに及ぶ．しかし，これらの問題は，地域，場所ごとに多様であり，かつ，時々刻々と変化するものであり，土地利用変化とも結びついて農業産や森林保全の環境への影響と不可分に結びついている．

5．農業・農村振興と食糧安全保障

農業セクタと農業所得をサポートすることは，バイオ燃料の政策的促進の第3の目的である．バイオ燃料原料の供給者の役割を通して農業を活性化することは，農産物の供給過剰傾向にある世界市場の問題の解決策ともなる．バイオ燃料の需要拡大は，農業所得を押し上げる可能性を持ち，農業所得補助や農業補助金を減らすことにつながる．OECD諸国だけでなく，ますます多くの開発途上国は，バイオ燃料政策がエネルギー安全保障とともに農業・農村開発に有効であることに期待を寄せている（FAO, 2008）．

バイオ燃料の生産・使用は，雇用，農林漁家所得，経済の活性化，ひいては定住・交流人口の増加等，経済や農山漁村振興の面で様々な効果をもたらしている．バイオ燃料生産は，地域経済や農林水産経済等を活性化させる潜在力を持っており，国産エタノールと輸入エタノールの共存を図っていくことが重要である．地域に賦存する様々なバイオマスを利活用することは，資源の有効利用による循環型社会の形成，エネルギー供給源の多様化を通じたエネルギー安全保障の向上に資するほか，地域の活性化や雇用にもつながるものである．

バイオ燃料利用の促進により，穀物利用や土地利用において食糧との競合

が発生し，食糧需給の逼迫，価格上昇，ひいては途上国を中心とする貧困層への食糧供給不足をもたらす懸念があることが，世界銀行（2008）等の報告で警告されている．

バイオ燃料生産国において食糧生産とのバランスを欠くようなバイオ燃料導入促進政策が採られた場合，バイオ燃料原料生産用の耕地面積が増大し，食糧生産用の耕地面積を減少させる危険性がある．このことは，食糧生産量の減少を通じ，食料価格を上昇させ，都市と農村の地域の貧しい人々にとって，バイオ燃料需要の増加は食品価格の高騰をもたらことととなり，彼らの食糧安全保障にとって直接的な脅威となる．さらには相対的に食糧調達力の低い途上国等の低所得者層や児童の飢餓や栄養失調化を招くことになる．

しかし，価格の上昇が農村にまで波及し，農民による供給反応を可能にすることは重要である．2008年に一部の国で見られたように，消費者を保護するための価格統制と輸出禁止を課すことは，市場が反応することを阻害し，短期的な救済にはなっても，食糧安全保障の危機を延長し，より深刻にするかもしれない．市場が機能し，価格シグナルが生産者に効果的に送られるならば，より高い価格は増産と増大した雇用の誘因を提供し，より長い期間の食糧安全保障懸念を緩和する可能を大きくする．

農産物のより高い価格は世界的に貧しい消費者にとって食糧安全保障への差し迫った脅威となるが，より長期的に見れば，それは農業開発のための可能性を高めることになる．農業部門が価格誘因に反応する能力を持っている場合には，農民は供給反応に参加し，その可能性を実現することができる．農産物価格は数十年の長きにわたり長期低落傾向を続け（小林，2008），多くの開発途上国の農業と農村地域への投資を民間でも公的にも抑制する最大の要因となってきたが，バイオ燃料需要の拡大は，農産物の実質価格の長期低下傾向を逆転する契機になる可能性がある．

バイオ燃料生産の促進は多くの国において，農業・農村を活性化する機会を提供する可能性を大きくするが，その実現は，インフラストラクチャー，組織，および技術開発に対する公的および私的な投資に依存する．特に小農，女性と少数民族などの主流から取り残されたグループの生産資源へのア

クセスを促進することは，農業が経済・社会開発と貧困削減に役立つ可能性を高める（大賀，2008）．

食糧との競合の問題については，非食用資源であるセルロース系や一部の農作物（アジアでのキャッサバなど）をどのように位置づけるべきであろうか．多くの場合，非食用資源と食用資源において土地利用面での競合問題が存在することはさけられないことであり，非食用資源であるという理由だけでは食との競合問題が回避できるわけではない．当該資源の食用としての市場が存在しない地域においてのみ，非食用資源と考えることができよう．穀物等の食用資源の生産に不適な耕地（乾燥地帯等）で栽培可能なエリアンサス等のセルロース系資源の開発については，食との競合問題を回避する一方策になると考えられる．

6．日本が直面する課題

現在の石油を始めとする資源価格の上昇は，人類の経済活動の拡大，成長がいよいよ地球環境と資源の制約に突き当たりつつあることを象徴する構造的な変化である．それが21世紀に入り，食糧という人類の本源的なエネルギーにまで波及し，世界の食糧需給構造の大変動を起こしつつある．

21世紀に入って，食糧と燃料が競合し，両者の価格が連動して変化する時代になったことがこの変化を象徴している．穀物，油糧種子，砂糖という基本的食糧を圧倒的に輸入に依存する日本は，この地殻変動の影響を深刻な形で受けるであろう．日本は，これまでの安い穀物，油糧種子，砂糖などの輸入に依存した食糧供給構造を国際穀物需給構造の変化に，どう適応させるかという大きな課題に取り組まなければならない．

また，人類史上初めて栄養過剰を制御することが普遍的な問題として意識され，世界的に栄養不良と栄養過剰の両極化が問題となってきた．欧米型の食生活が生活習慣病の大きな要因となっていることが明らかになってきており，米を中心とする中国，韓国など東アジア諸国の食生活パターンは，栄養的に満足できる段階に達した後は，健康的にも，医療的にも望ましいものとして，その定着が課題となる．

（引用文献）

1. 農林水産省ホームページ，食料，食料需給インフォメーション（2008）http://www.maff.go.jp/j/zyukyu/jki/index.html，2008年11月
2. 柴田明夫（2007），『食糧争奪』，日本経済新聞出版社
3. 小泉達治（2007），『バイオエタノールと世界の食料需給』，筑波書房
4. 小泉達治（2009），『バイオ燃料と国際食料需給』，農林統計協会
5. 大賀圭治，小泉達治（2007），「国際食料需給の新局面」，畜産の研究　60巻第1号
6. F. O. Licht（2009），"F. O. Licht World Ethanol & Biofuels Report"
7. 服部信司ら（2008），『世界の穀物需給とバイオエネルギー』，農林統計教会，2008年1月
8. 服部信司（2008），「食料第1の原則を　国本価格高騰の背景と課題―エタノール生産絵の大量使用―」『世界と日本』No. 1123，内外ニュース，2008年9月
9. Amani Elobeid（2006）:Long‐Run Impact of Corn‐Based Ethanol on the Grain, Oilseed, and Livestock Sectors, CARD Home Page, Iowa State University http://www.card.iastate.edu/publications/synopsis.aspx?id = 1029
10. FAO（2008），"The State of Food and Agriculture Biofuels : prospects, risks, and opportunities", 邦訳，FAO
11. W. E. Tyner and F. Taheripour（2008），"Renewable Energy Policy Alternatives For the Future" Amer. J. Agr. Econ, No. 89
12. IEA（2008），"The World Energy Outlook, 2008 Executive Summary",
13. 国連人口部（2004）「将来人口推計」
14. FAO（2006），FAOSTAT
15. 長井裕之，菊池美智子（2008），「ブラジルの砂糖およびエタノール生産状況について（1）～さとうきびの生産拡大状況とエタノール需要による市場の拡大について～」，『砂糖類情報』，2008年10月号，農畜産業振興機構
16. 世界銀行（2008），"Rising food prices:Policy options and World Bank response"
17. Horst Fehrenbach, "GHG Accounting Methodology and Default Data according to the Biomass Sustainability Ordinance （BSO）", GBEP 2008年3月
18. 大賀圭治（2008），「バイオ燃料の食料・環境への影響に関する諸論点」，『農業研

究』,第 21 号,日本農業研究所
19. 小林弘明(2008),「フードシステムとの関連からみたバイオマスエネルギーの動向と可能性」,『フードシステム研究』,15 巻 2 号

第2章
世界の畜産事情と日本畜産の可能性

福田 晋

九州大学大学院農学研究院

1. はじめに

　本論の課題は，グローバル化した経済環境の下で，わが国畜産の可能性について展望することである．とりわけ，環境問題，安全性問題だけでなく国内土地利用と密接に関わる大家畜部門に焦点を当てた考察を行う．

　以下では，まず世界的な畜産事情について，需給動向と今後の見通しについて触れた後に，わが国畜産供給構造の特徴を指摘し，今後の畜産を巡る環境変化を概観した後，今後の畜産のとるべき方向について言及する．

2. 世界の畜産事情

(1) 畜産物の世界的需給状況

　まず始めに，農林水産省政策研究所の予測にもとづいて食肉の長期需給予測を考察しておこう．表2.1は牛肉の需給予測結果を示したものである．それによると，生産量，消費量ともに2006年の5,900万tから2018年の7,400万tまで増加する予測となっている．これを地域別に見ると，生産では北米200万t，中南米500万t，アジア400万t，欧州で200万t増加する見込みであるのに対して，消費量は北米100万t，中南米400万t，600万t，欧州，アフリカで100万t増加する見通しとなっている．中南米，アジアの生産，消費の拡大が極めて大きく見通されていることが特徴的である．とりわけ，アジアは生産量に比べて消費量が上回っており，純輸入国の地位を一層明瞭にする

表2.1 世界における牛肉の地域別需給動向

(単位:100万t)

	生産量		消費量		純輸出入量	
	2006	2018	2006	2018	2006	2018
北米	13	15	14	15	-1	0
中南米	17	22	15	19	3	3
オセアニア	3	3	1	1	2	2
アジア	13	17	14	20	-1	-3
中東	1	1	2	2	-1	-1
欧州	11	13	12	13	-2	0
アフリカ	1	2	2	3	-1	-1
合計	59	74	59	74	0	0

資料:農林水産政策研究所「2018年における世界の食料需給見通し」2008年度
注:数字の四捨五入により,地域ごとの合計が合計欄と不整合の箇所がある

ことが予測されている.

また,豚肉,鶏肉ともにアジアでの生産量増大とそれを上回る消費量増大が顕著で,純輸入量が増大する予測となっている.このような肉類の消費量は,各品目ともに年間一人当たり消費量の伸びを基礎として増加する見通しであり,価格も1994年から2018年の12年間に実質で牛肉が5%,豚肉9%,鶏肉13%上昇する見通しである.

一方,OECD-FAOの予測では,OECD諸国の年平均伸び率が生産,消費においては0.6%,0.7%に対して,OECD以外の諸国ではいずれも2.7%となっている.輸出,輸入においてもOECD諸国の年平均伸び率がそれぞれ1.6%,2.3%に対して,OECD以外の諸国では3.8%,4.3%の高い伸び率を示している.このように開発途上国,とりわけ牛肉では中国,ブラジルの生産増加,輸出では中南米の地位拡大を見通している(藤野,2009).しかし,アジアでの消費量の増加は大きなものではなく,輸入量の大幅な増加は見られないとしており,この点は政策研究所の見通しと異なるものである.このように,アジアにおける食肉の消費動向が大きな鍵を握っているといえる.

一方で米国は国内食肉市場規模が大きいため,国内市場が優先され輸出拡大の余地は大きくなく,EUについても食肉国内消費量が域内生産量を上回っている状況であり,輸出が大幅に拡大する状況ではない.輸出については,今後,ブラジルを中心とした南米の動向が国際市場の大きな鍵を握っているといえる.

以上のように,食肉の国際需給における開発途上国の占める役割が今後ますます拡大することが予測されているが,家畜疾病対策の整備,経済発展や人口問題による国内消費の不透明さなど不安定要因も抱えていることを指摘

（2）畜産物供給の制約要因

　以上のように，今後拡大が予想される世界の食肉需要に対して，アジア，南米等の生産拡大により量的側面での不安はないという見通しがされている．しかし，口蹄疫など疾病のコントロールに関わる安全性問題，環境対策，動物福祉などへの対応はいっそう重要になってくるとみられる．また，穀物価格の動向は，今後の畜産物生産の動向に大きく影響するため，先進国におけるエタノール生産の動向とともに注視すべきポイントである．

　とりわけ，環境問題は畜産の永年の懸念事項である．畜産部門における二酸化炭素要因別排出は，土地利用，家畜糞尿処理及び家畜由来で90％以上を占めており，資源の効率的利用および持続可能な循環型畜産を一層推進する必要がある．

　また，人畜共通感染症の世界的な伝播速度は，国際貿易や人の移動などにより飛躍的に増しており，動物のみならず人の健康被害にも影響を与える事例が増加している．リスクを低減させる努力はもちろんであるが，消費者が信頼できるグローバルな供給体制を国際的な協調体制のもとで構築することが必要である．

3．わが国畜産のかかえる諸課題と対応方向

　ここでは大家畜すなわち酪農および肉用牛部門の動向について考察を加えておきたい．日本の畜産の発展は，OECDの政策評価に示されているとおり，一定の規模拡大が進んだ数少ない分野であり，その意味で数少ない成功した農業分野とされる．零細な経営は市場から退出し，大規模経営のシェアが増大し，認定農業者割合も相対的に高くなった．いわゆる構造政策として評価されるゆえんである．しかし，その内実は，日本農業の最も脆弱な部分である土地利用から離脱し，輸入穀物に依存した加工型畜産としての発展であり，国内資源から離脱することにより構造政策の成功を遂げ，OECDから評価されるという極めて皮肉な結果をもたらしている（OECD，2009）．

これは資源の賦存状況からすると，経済合理的行動をとった結果であるとも評価できる．しかし，その結果もたらされたものは，家畜排泄物の国内需要を上回る過大な供給であり，不適切な処理であった．その結果，地域的に不均衡が生じ，排泄物過剰地帯では土壌の化学的性質，地下水等への影響が問題となった．また，農村の混住化が進む中で，排泄物の処理や臭気問題も重なって，大規模肉牛・酪農生産は人里はなれた山間地域に立地移動するという結果をもたらした．国民，消費者から生産が隔離された中で発展を遂げてきたと素描することができよう．
　このような状況の下，わが国畜産のかかえる諸課題とその対応方向について以下で考察しておこう．課題については，以下の5点に絞る．①資源循環型社会への対応，②信頼できる畜産物の安定的な供給体制の構築，③消費者の健康志向と畜産物需要，④高コスト供給構造の見直し，⑤輸入飼料高騰問題である．

（1）資源循環型社会への対応

　わが国畜産が土地から離脱し，家畜排泄物の処理に窮して相対的に中山間地域に立地する傾向の強い現状については上述した．このような中にあって，家畜排泄物法（1999年制定，2004年完全施行）の施行は，家畜排泄物の適切な処理という面で画期的な法制度であった．一定の規模要件の畜産経営は適切な堆肥舎等の設置を義務付けられ，遵守できない畜産経営は経営を継続できないという事態となった．この制度は新たな環境投資が困難な経営を退出させ，構造政策・環境政策にも対応した経営体のみが畜産を支えるという実態を色濃くさせた．
　今日，家畜排泄物の処理については，一定程度の措置がとられたが，その利用については必ずしも並行して進展しなかった．飼料基盤としての農地から離脱した畜産経営に堆肥ニーズはなく，需要を探索することは容易ではないために，処理された堆肥が堆肥舎に堆積する一方という現象が起こった．
　そこでは，「処理」について一定の対応がとられたものの，「利用」＝循環についてのコンセンサスが欠けていたと言えよう．利用については，例え

ば，堆肥の利用主体である耕種部門との需給情報のミスマッチが指摘されているが，堆肥を散布する主体が欠けている点が最も大きな問題と言わざるを得ない．堆肥需給の調整をするコーディネーターと散布主体の確立が対応課題となっている．これについては，後述する飼料生産の外部化，分業化の主体であるコントラクターが一定の機能を果たせるものと考えられる．

一方，政府は，わが国畜産業が環境保全型畜産に転換することを意図して「環境と調和のとれた農業生産活動規範」を2005年に制定した．この農業環境規範の実践を促進するために，環境規範の実践を各種補助事業導入の要件とし，いわゆるクロス・コンプライアンスを実施している．しかしながら，環境規範の点検シートを用いた実施点検状況では30％と低い実施率であり，その徹底が望まれる．

（2）信頼できる畜産物の安定的な供給体制の構築

2000年の国内で92年ぶりの牛の口蹄疫発生，2001年のわが国初のBSE発生など家畜衛生や疾病をめぐる諸問題の発生は，安全な畜産物の供給に対して暗雲を投げかけた．BSEの影響は2001年に消費量を大幅に減少させ，引いては供給量を大きく低下させただけでなく，2003年の米国でのBSE発生は，グローバル化した経済の中で米国産牛肉の輸入停止に波及し，図2.1にみ

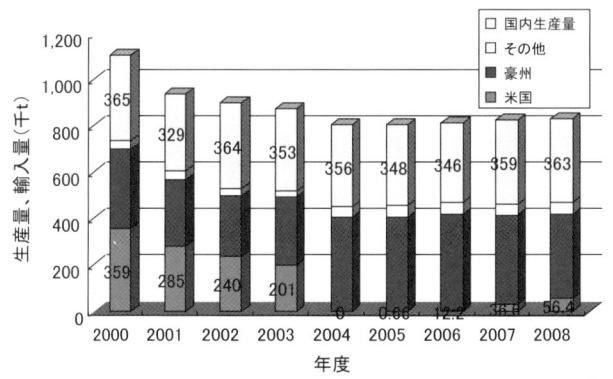

図2.1 わが国における牛肉の供給量の推移とBSE発生の影響
資料：農林水産省資料各年時より作成

るように牛肉の供給構造が大きく変化したことは周知の通りである．さらに，畜産物だけでなく，国内における口蹄疫発生によって稲わらの輸入量は急激に減少し，2005年の中国における口蹄疫発生によって中国からの稲わら輸入停止という事態に至った（図2.2）．このように，家畜，畜産物の安全性問題は，畜産物だけでなく飼料需給構造にも影響を与えるものであった．

わが国においては，BSEをきかっけに食品安全基本法が制定されるとともに，牛をめぐっては，牛トレーサビリティー法が制定され，個体識別番号制度により牛の誕生（輸入）から食卓まで生産履歴情報を追跡かつ遡及できるシステムが整った．現在，わが国の大家畜経営は生産・飼養・出荷プロセスを正確に情報として蓄積し，当該トレーサビリティー・システムにのせることが極めて重要な課題となっている．

さらに，政府は，畜産経営において農場段階のHACCP的衛生管理方式を推奨している．これは，農場ごとに危害因子を調査・分析（HA）し，重要管理点（CCP）を設定し，実施マニュアルを作成するとともに，それを経営者自ら実践する方式であり，それらの実践農場を認証するとともに，モニタリングと検査を行なって適切な改善指導を行なうものである．

以上のようなHACCP的衛生管理の徹底は，すでにと畜場や処理工場では

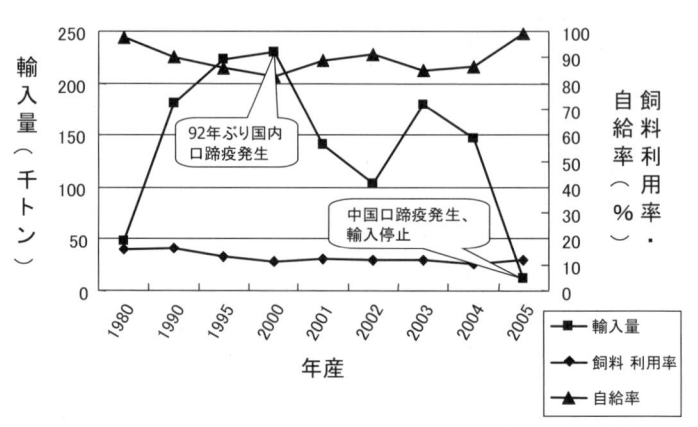

図2.2 わが国における稲わら需給の推移と口蹄疫発生の影響
資料：農林水産省資料各年時より作成

求められており，畜産物生産の一貫した食品リスク低減のためのフードチェーンの構築が求められている．

以上のような安全性確保対策に一定のコスト負担がかかることは疑いなく，供給サイドは様々な追加的投資を迫られる．政府が一定の短期的対処療法的補助を実践するにしても，供給サイドへの影響は避けられない．ただ，このような安全性確保競争により，一定の製品差別化やプレミアを得るという戦略は困難であるとみるべきである．安全性確保はむしろ畜産物供給の与件として捕らえるべきである．

(3) 消費者の健康志向と畜産物需要

多くの若い世代にとって，好まれる食事メニューの代表は焼肉である．中でも牛肉は魅力的な商品である．ところで，それら世代にとっての焼肉需要に必ずしも霜降りが求められるわけではない．図2.3は，消費者の肉質判断基準に対する意向について結果を示したものである．2007，2009年ともに「肉の色と光沢」がもっとも重要な基準として選択されており，次いで「脂身

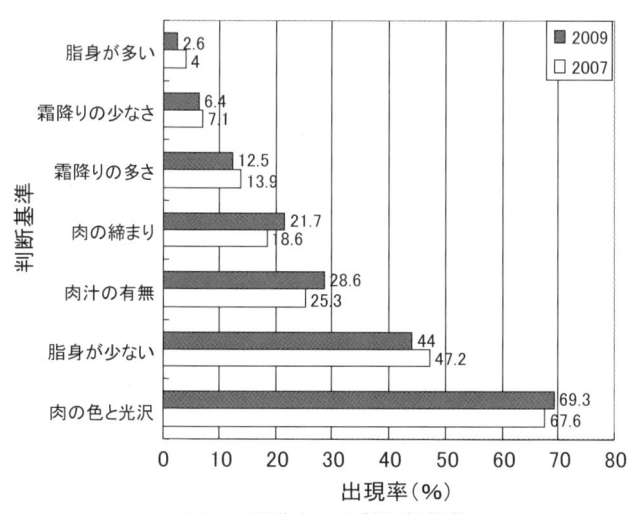

図2.3 消費者の肉質判断基準

資料：農林水産省「肉用牛（牛肉）をめぐる情勢」平成21年5月より引用．（原典は日本食肉消費総合センター「季節別消費動向調査報告」（平成20年度））

が少ない」「肉汁の有無」となっており，「霜降りの多さ」をあげるものは，2009年で12.5％に過ぎない．適度な赤肉を大量に安価に食べることを望んでいる．健康が食品購買のポイントのひとつになっている現在，霜降り需要が一層拡大するわけではない．

しかし，「牛枝肉取引規格」に基づいて肉質等級に「脂肪交雑」があり，BMSが重要な規格指標となっている今日，肥育農家においては，脂肪交雑の充実を求めて肥育期間が和牛で20ヶ月と長期化し，結果的に収益性は低下する傾向が生じている．消費者志向に合致しない取引規格の再検討と肥育農家のマス消費者志向情報の共有化が望まれる．

以上のような消費者志向と生産サイドとのギャップは牛乳にしてもしかりである．多様な高栄養食材があふれている中で，牛乳単品の栄養性の高さ，機能性の高さを訴えても消費が伸びるわけではない．相対的に安価で低脂肪の成分調整牛乳の消費が伸びていることが何よりその事実を示唆している（図2.4）．一方，生産者サイドでは，乳脂肪取引基準3.5％を達成すべく，品質が安定しているとされる海外からの購入飼料に依存する傾向が続いている．自給飼料生産構造については，後述するように大きな変革が望まれるが，飼料基盤に立脚した資源循環型の畜産を推進する上からも，その方向と整合性のとれた生乳取引基準の再検討をすべきであろう．この点は，生産者

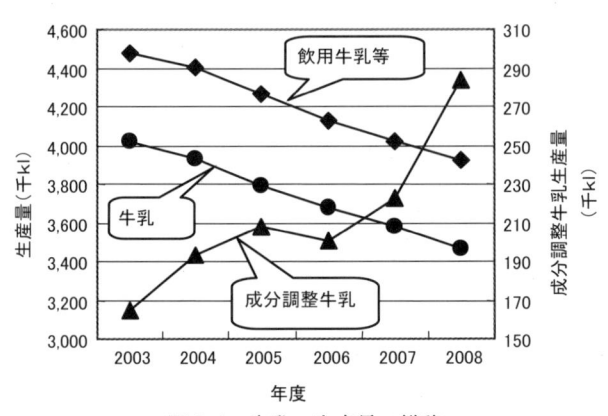

図2.4 牛乳の生産量の推移
資料：農林水産省資料各年時より作成

サイドだけでなく消費者サイドからも一層情報を発信すべきである．

牛肉，牛乳は所得弾力性，価格弾力性ともに他の農畜産物よりも大きな財である．いまこそ，消費者のニーズに応えた畜産物供給をすべきである．そのニーズに応えるとは，安価，安全，健康のキーワードのトリレンマに応えることでもあると言えよう．安全は今後の消費者需要にとって与件である．これを前提に経済と健康を如何に担保するか，そのような畜産経営，生産現場を引き出すべきである．

(4) 高コスト構造の見直し

わが国の牛肉生産の基盤となる和牛繁殖経営は，多くの高齢・零細経営に支えられているのが実態であり，規模の経済性が働かない経営構造となっている．この高コスト構造から供給される肥育経営においては，規模拡大に伴って労働費は節減されるものの，もと畜費が費用合計の56％を占めており，繁殖基盤の供給構造を改革することが喫緊の課題である．

繁殖経営のみならず酪農経営においても，毎日の牛の繁殖・飼養管理が最も重要な業務であるが，そこに自給飼料部門を内包すると，労働力の制約が著しい．家族経営においてこのような労働力制約があることが，大規模経営を成立することができない大きな制約となっている．このような制約を克服するために，すべて経営内で完結する自己完結型の経営から部分的に作業を外部化する分業型生産システムへの転換が求められる．分業の内容としては，飼養管理の定期的な作業外部化＝ヘルパー，飼料生産の収穫作業の委託＝コントラクター，堆肥処理・散布の外部化，ほ育・育成部門の外部化，経営管理の外部化等様々である．

図2.5は，分業型を含めたグローバル化に対応した課題への解決方策を示したものである．労働力だけでなく，様々な資本装備を抱える畜産経営にとって，今後，新たな経営を志向する新規参入者が参入しやすい経営システムを構築しておくことが求められる．

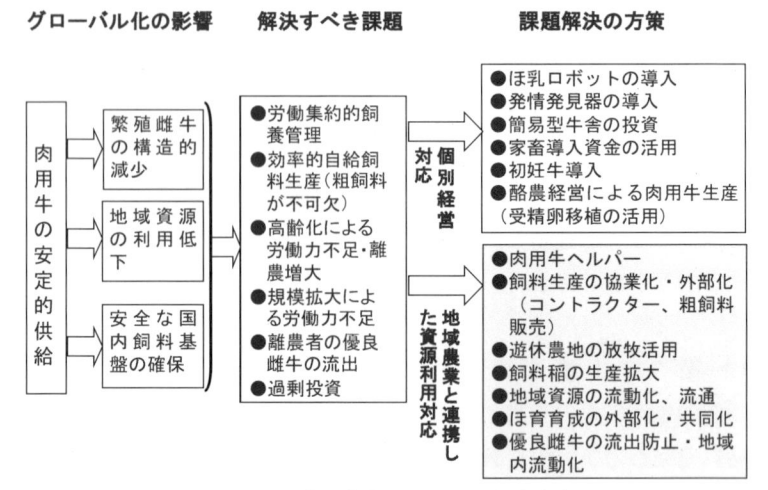

```
グローバル化の影響    解決すべき課題         課題解決の方策

                                    ┌─────────────────┐
                                    │●ほ乳ロボットの導入      │
                                    │●発情発見器の導入       │
          ┌──────┐  ┌──────────┐  対│●簡易型牛舎の投資     │
          │繁殖雌牛 │  │●労働集約的飼 │ 応│●家畜導入資金の活用   │
          │の構造的 │  │ 養管理      │ 個│●初妊牛導入          │
          │減少    │  │●効率的自給飼 │ 別│●酪農経営による肉用牛生産│
肉         └──────┘  │ 料生産(粗飼料│ 経│ (受精卵移植の活用)    │
用 ┌──┐ ┌──────┐ │ が不可欠)   │ 営└─────────────────┘
牛 │  │ │地域資源 │  │●高齢化による │
の │  │→│の利用低 │→│ 労働力不足・離│   ┌─────────────────┐
安 │  │ │下      │  │ 農増大      │   │●肉用牛ヘルパー      │
定 │  │ └──────┘  │●規模拡大によ │ 地│●飼料生産の協業化・外部化│
的 │  │ ┌──────┐  │ る労働力不足 │ 域│ (コントラクター、粗飼料│
供 │  │ │安全な国 │  │●離農者の優良 │ 農│ 販売)              │
給 │  │ │内飼料基 │  │ 雌牛の流出   │ 業│●遊休農地の放牧活用   │
  └──┘ │盤の確保 │  │●過剰投資    │ と│●飼料稲の生産拡大     │
          └──────┘  └──────────┘ 連│●地域資源の流動化、流通│
                                    携│●ほ育育成の外部化・共同化│
                                    し│●優良雌牛の流出防止・地域│
                                    た│ 内流動化            │
                                    資└─────────────────┘
                                    源
                                    利
                                    用
                                    対
                                    応
```

図2.5　分業型畜産システムの対応方向
資料：筆者作成

（5）輸入飼料高騰問題への対応

　中長期的に世界各国のエネルギー政策の転換が，バイオ燃料の需要を一層喚起し，穀物需要に影響を及ぼして輸入飼料が高騰し，従来の輸入穀物依存型畜産＝加工畜産にかげりが出るということは確かなことであろう．この制約を与件としてわが国畜産とりわけ肉牛・酪農産業の構造を転換させる必要がある．その観点から，配合飼料原料の多くを米国とうもろこしに依存する構造の見直しを検討すべきである．水田における畜産的土地利用を，単に生産調整のスケープゴートにするのではなく，経済的にも，技術的にも合理的な土地利用体系として確立すべき時期が来ている．

　次に，上述したように，飼料生産の機械作業を受託する飼料生産受託組織＝コントラクターが分業型システムの担い手として急速に普及拡大している．今後のコントラクターの経営安定と高度化が一層望まれる．

　さらに，飼料生産を受託する分業型システムだけでなく，耕種サイドが飼料生産を行ない，畜産経営に販売するという新たな粗飼料流通システムを構築する時期に来ている．水田における稲発酵粗飼料生産の拡大は，まさに耕種サイドと畜産サイドの取引による粗飼料流通システムの構築である．畜産

経営が個別完結型に自給飼料を生産するのではなく，耕畜連携により地域自給飼料生産システムを確立することが望まれるのである．

4．地域資源を利用した分業型畜産システム

ここでは，地域資源を利用した分業型畜産システムの事例について考察する（福田，2009）．静岡県にある酪農専門農協は，分業型酪農を確立すべく，コントラクターとTMRセンターを設立した（図2.6）．コントラクターと称しているが，酪農家35戸が飼料生産のすべてを外部化する作業委託だけではない．管内の遊休化している農地について，地主（組合員外の実質的土地持ち非農家）から無償で10年間借入れ，コントラクターがデントコーンを栽培し，ラップサイレージにしてTMRの原料として供給しているところに最大の特徴がある．

コントラクター職員は8名であり，いずれも事業開始に当たって新規に採用し，異動のない専門職である．このコントラクター職員と酪農家の臨時出役により，堆肥散布，播種，収穫，細断型ロール形成，ラッピングを行なっている．

利用する酪農家は，堆肥舎管理，堆肥散布含めて飼料生産の全面作業委託

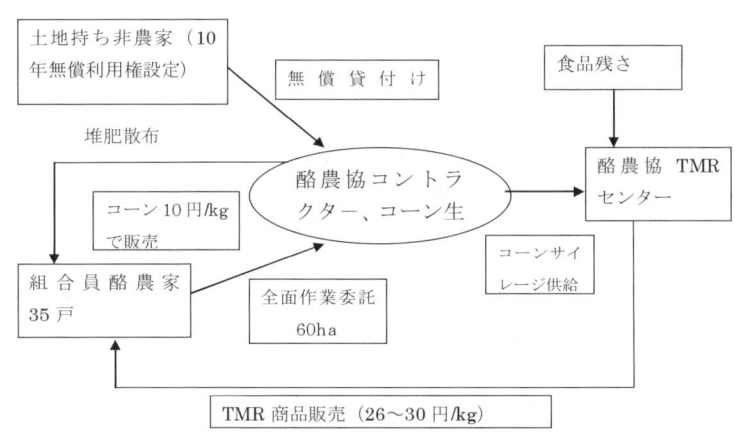

図2.6 酪農協によるコントラクターとTMRセンターの利用システム
資料：筆者作成

という形をとっている．したがって，酪農家は堆肥舎に排泄物を運ぶが，堆肥処理，散布については，コントラクターに全面的に委託しており，必ずしも自らの堆肥が自家圃場に散布されるわけでもない．かつて堆肥があふれていた堆肥舎の姿はなく，必要な圃場に適切に還元されている．

平成20年度の遊休農地の借入れは約21ha，酪農家からの全面作業委託地は60haで，作付け実績は二期作を含んで約110ha程度である．収穫されたデントコーンサイレージは，TMRセンターが購入し，TMRを生産し，酪農家に販売する方法を採用している．

TMRセンターは，平成20年度に設置され，21年2月から本格操業している．21年7月現在，エコフィードサイレージ30t／日，TMR60t／日と，90tの生産体制である．スタッフは，センター長1名，農地渉外担当2名（遊休農地の情報収集・借入れ窓口），事務職員4名（コントラクターの作業日誌管理，原料ロールの出し入れ管理業務，製品の販売精算業務），TMR作業員13名，パート作業員7名の27名で構成されている．パート作業員以外の20名は農協職員であり，この人件費は農協にとっての固定費となる．

当該センターのひとつの特徴は，エコフィード原料使用の多さである．豆腐粕は毎日名古屋から搬入されて乾草を加えてサイレージ化され，TMRの原料となっている．TMRセンターは高速道路I.C.に近く，名古屋を始め消費地圏を背後に抱えており，エコフィード集積のメッカとなっている．さらに，当該センターの処理能力の高さが魅力となり，仲介業者が競ってエコフィードを卸すことになる．したがって，エコフィードの配合割合を増やしてコーン割合を10％程度に減らした方がコスト低減につながっている．このように，エコフィード調達能力の高さは，消費地圏立地の隠れた特徴でもある．

TMRセンターでは乳量にあわせて農家を5つにグループ化し，乾乳用とあわせて6種類のTMRを製造している．フリーストール農家では，定時にセンター職員がトラックでTMRを配送し，給餌をしてくれることになり，農家の給餌作業は殆ど節減されている．センターをより一層効果のあるものにするためにも，フリーストール牛舎への転換が求められる．

以上のように，地域内農地および近隣エコフィードを有効利用し，TMR

供給を行なう主体が設立されることで，酪農家は乳牛の飼養管理，搾乳に専念でき，ゆとりある高収益安定経営の確立がもたらされる．わが国畜産のひとつの展望を描いているといえる．

5. 日本の畜産の可能性

（1）日本における農地過剰現象と飼料作物の位置づけ

今日，日本の農地遊休化減少は著しいものがある．それは結果として耕作放棄地という象徴的な言葉に集約されている．問題は，極めて条件の悪い農地の放棄と言うだけでなく，圃場整備もされた優良農地までもが耕境外に置かれているということである．換言すれば，優良農地が適切な利用主体のもとに置かれていないということである．農地法の改正により，利用主体について大幅に門戸が開放されたが，それは土地利用型農業を展望するものではなく，むしろ，園芸などの集約的農業の大規模化によって活用される状況を呈している．

畑の利用はいうまでもなく，水田利用についても，食用米をめぐる過剰基調が続く中で，土地余剰現象が顕著になってきた．実際に農地の地代低下傾向は顕著である．さらに，水田における食用米に代わる相対的に有利な土地利用型作物は乏しく，土地利用型作物としての飼料作物の位置づけは相対的に優位になっていると言ってよい．

（2）高コスト低収益構造から低コスト高収益構造への転換

わが国の畜産経営は，高度に発達した技術に支えられて，極めて資本集約的で自己完結的な畜産経営構造が確立してきた．とりわけ，最も重要な飼料については，家畜の能力を引き出すべく，とうもろこしを主体にした配合飼料給与割合が高まり，高コスト経営構造の一因をなしている．また，濃厚飼料に比べて自給率が高い粗飼料生産についても，自己完結的で高資本装備による過剰投資が散見されている．しかし，今後の環境変化を考慮すると，このような高コスト経営から脱却し，畜産経営を取り巻くサービス事業体とともに分業的な低コスト経営を確立する必要がある．すでにゆとりある経営を

目指したヘルパー制度は定着しているところもあるが，飼料生産主体，TMRセンターなどが個別経営を補完することにより，畜産を志向する主体が参入しやすい構造を構築すべきである．

（3）飼料生産の新たな主体

すでに畑作では，大規模土地利用型園芸法人が，飼料生産供給に参入している．それによって，肉牛経営，酪農経営は自ら飼料作物を生産することなく，国内農地基盤の飼料を利用することが可能となっている．このような，地域自給飼料生産システムを構築することが求められる．

水田においても，稲発酵粗飼料や飼料米で新たな飼料の畜産経営への取引が始まっているが，助成金に依存した生産主体が多く，必ずしも安定的なシステムが構築されているわけではない．集落営農の面的集積手法を利用しながら集団化された農場を駆使した新たな飼料生産主体を形成する必要がある．そして，そのような集団化した農場と新たな飼料生産主体の参入を誘引する政策手法を導入すべきである．

（4）遊休資源活用型畜産の展開

先に農地に限定した飼料生産の論点を提示したが，必ずしも資源活用は農地に限定されない．公共牧場も新たな利用主体が参入することで大幅な利用効率アップが期待される．現在農地法改正により，農地利用参入が緩和されてきたが，公共牧場についても，利用主体の参入緩和を図るべきである．大規模酪農経営がすでに遊休化していた共有牧場を利用することで有効活用している事例もある．

公共牧場の中でも，入会権に基づいた共有牧野の利用促進は喫緊の課題である．野草地の維持管理はもとより，畜産農家の減少による利用低位は極めて顕著になっている．すでに一部の共有牧野と農協との間で利用協定が交わされて，第三者の利用が進んでいるケースもあるが，一層の拡大のために使用収益権の貸借についての検討の場が必要である．

同様なことは，河川敷利用についても言及できる．河川敷の管轄が農畜産

業サイドでないために，畜産側から利用アプローチがない限り，利用することはできない．しかし，行政ルートを通しての協議を経ることで飼料栽培は可能であり，現在でも十分な飼料基盤として利活用している畜産経営がある．河川敷に関する情報と利用に関するミスマッチが現在の低位利用をもたらしている．農地は希少でも上述した公共草地，河川敷などを有効利用することで，畜産的飼料基盤は著しく拡大する．

粗飼料だけでなく，濃厚飼料として他産業から生じるエコフィードについても同様の有効利用方策を検討する必要がある．すなわち，食品製造業から排出されるエコフィードを仲介する主体と大規模利用主体が参入することで一層の利活用拡大が見込まれる．現在は，利用主体が小規模の個別経営であるため，大量に発生する食品製造業由来のエコフィードの処理加工に対応できないのが実態である．これを処理できるTMR工場を設立することで多くのエコフィード供給に応えることは可能である．

（5）消費者の信頼を勝ち得る畜産供給構造

国内の土地から離脱したわが国畜産は，消費者から遠い存在になった．そこを再度近づける工夫が必要になる．すでにそのような取り組みは一部で行われているが，ポイントは国民が家畜，畜産経営の実態を正確に理解することであり，家畜から畜産物ができる過程を理解してもらうことである．しかし，畜産フードシステムの起点であり，最も重要な飼料供給構造については，最も消費者から遠い位置づけとなっている．国内資源，しかも遊休化されている資源を利用促進させていることを理解させることが，生産プロセスの真の理解につながるのであり，信頼を勝ち得る畜産構造の確立につながるのである．

引用文献

藤野哲也　2008．第17回世界食肉会議から，畜産の情報，229：46-56．

福田　晋　2008．畜産をめぐる経済グローバリゼーションの影響と新たな主体形成・資源利用，農業経済研究，80・2，78-87．

福田　晋　2009．酪農協による農地の一元的管理とTMRセンターを活用した酪農経営支援体制の構築，畜産の情報，241：55-62．

農林水産政策研究所　2008．2018年度における世界の食料需給見通し　—世界食糧需給モデルによる予測結果—，農林水産省，1-11．

OECD 2009. EVALUATION OF AGRICULTURAL POLICY REFORM IN JAPAN, 86-93.

第3章
世界の水産事情と日本水産業の課題

小野　征一郎
近畿大学

1．はじめに―問題の所在―

　環境・資源・食料は21世紀の人類的課題である．農学の一分野である水産学は，海洋環境をバックグラウンドとして，持続的資源利用に関わり，また水産物＝水産食料を研究対象とする．日本は漁場豊度が世界で最も秀れた北東太平洋に位置し，EEZ内面積も世界第6位の広さをもつ．有史以来魚食民族として，現在でもなお動物性蛋白質の約4割を水産物から摂取する．島嶼国などを除き，食料として水産物を日本ほど利用する地域・国・民族は稀である．水産物の消費大国であるばかりではない．イワシ不漁期にあたり，さらに1990年代には200海里体制の確立により遠洋漁業がいよいよ縮減し，1989年以来生産量世界第1位の座を中国に譲ったが，2007年の日本の漁業・養殖業生産量572万トンは，減少傾向にあるとはいえ，依然として生産大国でもある．中国・インドネシア・インド・ペルーにつぎ第5位にある．食料産業を代表する農業，同じ一次産業である林業に対して，水産業は自然＝漁場条件に恵まれ，比較優位な産業基盤をもつ．

　本章は水産物の需給の現状と展望を，主として日本の水産物自給率の検討により究明する．またそれを通じて，世界の水産物需給がタイトに向かっている現状において，日本水産業は安定供給を実現するためにいかなる政策課題に直面しているかを追求する．農学は食料問題の解決を使命としているが，水産学からそれに接近したい．

日本の食料自給率の異例の低さはしばしば論じられる通りであり，それは何よりも，畜産物・油脂の激増による食生活の変化に起因する．戦前から高度成長期までの「米と魚」の食生活は激変し，伝統的食品である水産物も内容的に様変わりをとげた（小野，1990）．農産物のカロリー自給率40％，穀物自給率（重量）30％に対して，食用水産物自給率（原魚換算量）60％，1971年以来輸入産業化（輸入額＞輸出額）した金額自給率50％強，がおよその概数である．高価格魚に輸入の軸があり，前述したより上位の生産国はいずれも食用魚介類の自給率が100％をこえるのに対し，日本はアメリカと並ぶ水産物輸入大国であり，この点は農産物と共通する．水産物輸入貿易における90年代末までの日本の地位は，金額・数量ともに世界第1位であったが，21世紀に入り数量では中国に，金額ではアメリカに抜かれ，2007年ではともに第2位に後退した．

　国内の水産物市場が同時に世界市場に直結した，かつての位置がゆらぎつつある．日本が有数の輸入大国であることは変わらないけれども，水産基本法の中心理念である水産物の安定供給において国内生産の重要性が増している．第2期水産基本計画（07年）は，2017年度の自給率を食用魚介類65％，非食用をあわせた魚介類全体56％とする目標を掲げた．

　食料自給の論拠としては，①食料の安全保障，②農漁業の外部経済＝多面的価値，③グローバルな食料問題が挙げられる（生源寺1998）．①は言うまでもないが，水産物は動物性蛋白質の供給源として寄与する．世界的に日本の工業分野（例えば自動車産業・電機産業）がフロントランナーであるのに対して，農漁業は国内的にも弱体化した周辺部門として位置づけられる．金額的にも2006年のGDP・511兆円のうち，農漁業は1％強にとどまる（農業4.7兆円，漁業8,394億円）．しかし人間の生存に関わる食料産業として，農業・食糧・農村基本法（1999），水産基本法（2001）が制定され，セキュリティ・ミニマムを担っている．②は農学の課題である資源循環型社会の創造とも関わる．両基本法において，本来的機能＝食料供給とあわせて，あるいはそれ以上に，多面的機能＝食料生産から派生する公益的機能が強調される．これは農業においてとくに著しい．

自然産業としての特徴・限界をもつ農漁業は，インプット・アウトプットの関係を制御することが容易ではなく，工業生産とは大きく異なる．また日米の土地条件が物語るように，自然条件が決定的に作用する．自然産業としてのハンディキャップをもつ農漁業は，国内的には他産業（例えば工業・金融業）に対抗して，世界的には恵まれた自然環境をもつ他国に対抗して，政策支援が与えられるのは当然であり，WTOの原則である自由貿易あるいはレッセ・フェールが，一律には妥当しない．③は①とほぼ共通するが，発展途上国の経済発展が世界の食料需給をタイトにする，固有の問題が伏在する．

　以下ではまず世界の水産物需給をかいつまんで説明し（第2節），日本の水産物の安定供給を食用魚介類の自給率を指標に検討する（第3節）．最初に水産物消費を時期的に大観し，そのうえで自給率目標65％を基準に3グループにわけ，個別魚種毎に分析する．さらにそれを生鮮・冷凍，塩干・くん等，消費形態別に総合した自給率を検討し第3節の結びとしたい．

　水産基本計画の自給率目標は，日本水産業の現状から考えて，容易ならざるハードルである．それを乗りこえるために直面している政策課題を第4節において説明し，第5節は結語として水産業の産業的意義を提起する．前述の食料自給論に即していえば，直接のテーマである①・③をまず検討し，②によって締めくくりとしたい．

　海洋と一体化した水産業の多面的機能は多岐にわたるが，なかでもいまや現代農業もほとんど失った資源循環型機能を指摘する．漁獲行為が，海洋生態系の物質循環＝食物連鎖（栄養塩類，とくに窒素・リン→植物プランクトン→動物プランクトン→水産物）に基づくことは周知の通りであるが，水産業の本来的機能＝食料生産と直結するこの多面的機能は，水産業以外のすべての産業が，陸上のあらゆる廃棄物を最終的に海洋へ負荷・投棄し，水とともに流出する現状において，膨大な窒素・リンを回収し，海洋環境・海洋生態系の保全に重要な役割を果たしている．海から陸への物質循環を営む，他産業ではなしえない水産業に固有の産業的意義を強調し，本章の締めくくりとしたい．

2．世界の水産物需給

　世界の海面漁業生産量は1990年代以降，8,500〜9,000万トンで停滞している．総生産量が2005年15,753万トンに達しているが，その差約7,000トンは養殖生産（2005＝6,295万トン），なかでも内水面養殖の伸び（95年・1,581万トン→2000年・2,125万トン→2005年・2,936万トン）が支えている．これはFAOの，したがって中国のデータにそのまま依拠しているが，中国の淡水養殖が世界の生産増加に寄与していることはよく知られていよう．

　以上の生産状況に対して，1人当たりの水産物供給量＝需要量を主要国別にグラフ化した（図3.1）．後述する日本のみが90年代後半から下降しているが，魚食民族にふさわしく需要水準は群を抜く．最も動向が注目される中国は，90年から2000年に倍増以上の激増（11.5→25.6kg）をとげたが，それ以後は微増（03年＝25.9kg）にとどまる．普通，経済発展により1人当たり所得が上昇すれば，食料消費が穀類から畜産物・水産物へシフトする．90→2000年の中国はそれに該当しようが，21世紀に入り激増期を通過し，安定期を迎えたと思われる．付言すれば中国は魚食といっても川魚が高級食材として需要量の半ば近くを占めるが，淡水養殖の餌料効率が1に近いばかりではなく，植物性餌料の比率が高い．ベジタリアンが社会的規範であるインドは，魚の消費レベルが低く伸びもそう大きくない（2000→03年増加率＝4.5％）．アメリカ・EU（同＝10.1％・4.1％）は，BSE・鳥インフルエンザによ

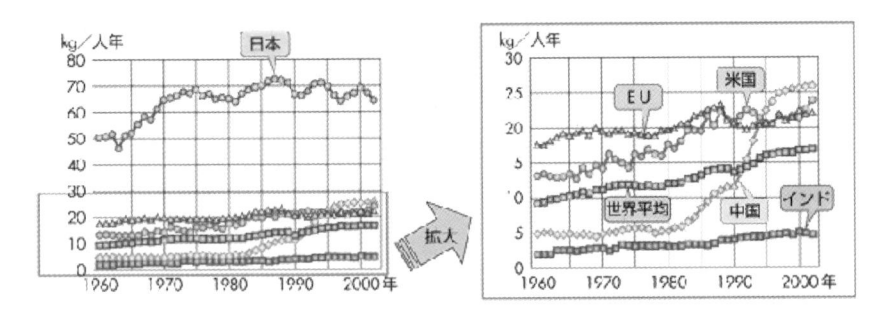

図3.1　主要国の1人1年当たり魚介類供給量の推移
　　　　出所：「平成20年度水産白書」

3 世界の水産事情と日本の水産業の課題　43

表3.1　世界の水産物需給の将来予測（2004年公表）

	1人1年当たり食用魚介類消費量	世界総需要量 A	世界総生産量 B	需要量-生産量 A-B
1999/2001年	16.1 kg	133百万トン	129百万トン	▲4百万トン
2015年	19.1 kg	183百万トン	172百万トン	▲11百万トン

注1）FAO "The state of world fisheries and aquaculture 2004" を基に水産庁で作成
出所　水産庁『水産早わかり』2009 P.50

り，肉食へ悪影響が重なり，健康志向から魚食に関心が高い．日本食（魚を不可分とする）がグローバルに普及しつつある．

　増加率はアメリカが目立つが，欧米では本来，魚は肉の代用品にとどまる．世界平均の2000→03年増加率は3.0％，グラフから着実な増加がうかがえよう．日本を除き，水産物需要は増加趨勢にある．それが「食料危機」を引き起こすほど激しいとは思えないが（川島，2008・2009），他面，海面漁業生産は停滞的である．養殖業が増産可能とはいえ，2004年，FAOは需給ギャップにより2010年まで年率3.0％，それ以降15年まで同3.2％の水産物価格上昇率を予測した（表3.1）．この予測がどの程度正確であるかはともかくとして，世界の水産物需給が引き締まり基調にあることは確かであろう．

3．日本の水産物の安定供給―食用魚介類の自給率―

（1）時期的推移

　食料自給率は一般にカロリーをベースに算定するが，魚介類は原魚換算量で計算する．図3.2によれば，食用魚介類の自給率のピークが64年＝113％，それからほぼ一貫して下降しているが，75年＝100％に達したのち80年代まで上下を繰り返し，81年以後，下降スピードが激しくなり常に100％以下となる．自給率100％以上では輸出が輸入を上回るが，原魚量ではなく金額で算定すると，輸入額が輸出額を上回るのは71年である．言い換えれば1960年代までの水産業は外貨獲得産業として位置づけられ，当時の日本は現在から想像できないが，景気後退のたびに国際収支の入超にさらされ，脅かされていたのである（小野1999）．輸入産業化した後も，70年代までは輸出産業の面影を残していたけれども，200海里体制が定着するにつれ，それ以上に

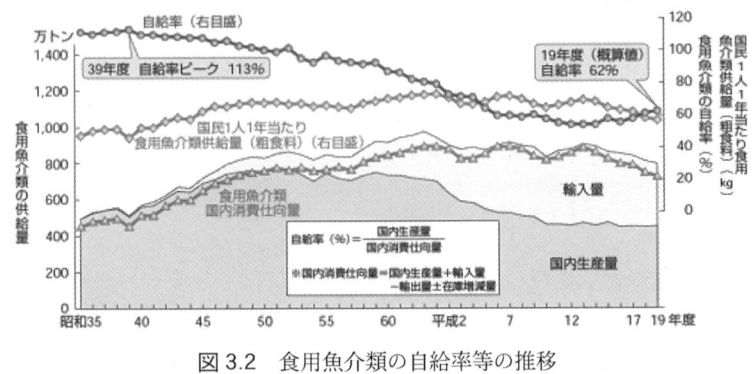

図 3.2　食用魚介類の自給率等の推移
出所:「平成20年度水産白書」

　85年のG5からじりじり進んでいた円高が決定的になり，80年代後半以降，金額的にも量的にも水産物輸入が加速される．この趨勢は21世紀に入っても続き，自給率が60％前後にまで低下した．

　国内消費仕向量は89年＝890万トンのピークまでほとんど一直線に上昇する．200海里時代が到来した77年に輸入が100万トンを超え，87年には200万トンを突破した．88年をピークにマイワシ豊漁が終わり，飼餌料が輸入超過に転じたことが影響し，93年に300万トンを超え06年まで続いた．図示を省いた総生産量は，84年＝1,282万トンを頂点に89年世界第1位を中国に譲ったとはいえ，72年から90年まで1,000万トンを超えていた．もっともそこには非食用が約200～500トン含まれ，食用の国内生産量のピークは70年代(74年＝768万トン)にあり，89年まで増加する国内消費を輸入が埋めていった．90年代以降，国内生産がつるべ落としに減少し，国内消費は波打ちながら95・2001年に第2・3のピークを迎えるが，02年からの減少が大きい．2点を指摘しておこう．

　第1に水産物消費の量的増加は80年代までで終り，90年代以降はむしろ減少傾向にある．内容も様変わりをとげた．高度成長期以前の安い魚を国内で消費し，高い魚を輸出する，具体的には当時，多獲性大衆魚とよばれたアジ・サバ・イワシ・サンマを国内消費に，マグロ・サケ・カニを輸出にという構造が逆転した．200海里体制の影響が加わるが，高価格魚を国内消費向けに輸

入し，低価格魚を輸出に向けている．第2に88年まで700万トン台を維持した食用国内生産が年々低下し，98年500万トンを割り，以後横ばいが続いている．2005年に53％に低下した自給率が04年から上向き，07年には62％まで回復したが，それは国内生産が増加したからではない．先述したように第3のピークである01年を経て，国内消費が減少したからである．自給率は分子＝国内生産が増加しなくても，分母＝国内消費が減少すれば上昇する．

1960年以降の水産物消費を長期的に観察すれば，80年代まで趨勢的に増加したが，90年代には一進一退が続き，21世紀初頭から明瞭に減少傾向にあると整理できよう．国際的に例外的な日本の水産物需要の減少を前節で確認したが，その要因を検討しよう．

水産物は一般の食品とは異なり，中高年＝40歳代以上の消費量・金額が若年＝20・30歳代を上回る．これを加齢効果というが，それが最近の世代では顕著に減退している（秋谷，2007）．世帯主が昭和，①40年代生まれ＝現在30歳代，②30年代生まれ＝現在40歳代，③20年代生まれ＝同50歳代，④10年代生まれ＝同60歳代における，各々の40歳代時前後を中心とする生鮮魚介の1人当たり家計消費量を描いた図3.3によれば，③，④の世代では，40歳代時以降の消費増加が読み取れるが，②では40歳代時と20・30歳代時の消費が横ばい，加齢による増加は見られない．また世帯員数がピークの4人

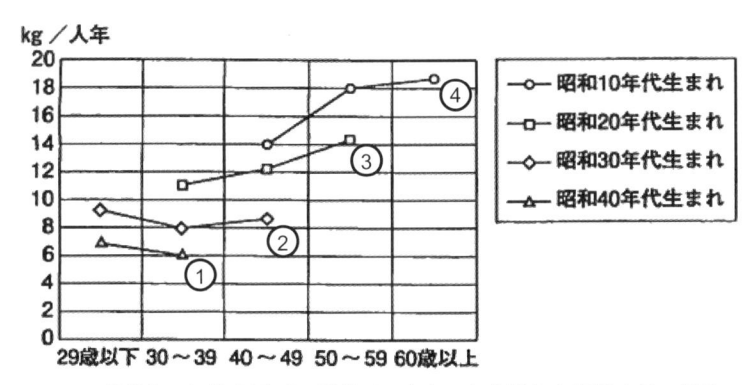

図3.3 世帯主の年齢階層別の世帯員1人当たり生鮮魚介類購入量の推移
注1） 総務省「家計調査年報」（二人以上の世帯（農林漁家世帯を除く））を基に水産庁で作成　　出所「平成19年度水産白書」

前後である40歳代時の消費量を世代的に比較すると，④→③→②と世代が若くなるにつれ次第に低下している．近年の水産物消費量の減少は，とくに40歳代より若い世代の消費量減少に起因し，①では②よりもいっそう激しいことがうかがえよう．人口構成の高齢化が進み，戦前世代・団塊世代が多数をしめるここしばらく，水産物消費はなだらかな減少にとどまっていようが，人口減少も加味すれば，中長期的には急降下することが想定される．

（2）魚種別検討

食料需給表の原データから試算した結果を援用し，貿易統計を加え表3.2を作成した．「国内生産＋輸入－輸出±在庫の増減＝国内消費仕向」の恒等

表3.2　食用魚介類の自給率―2006年―

| | | 食糧需給表 | | | | | 水産物貿易 | | | |
| | | | | | | | 数量 | | 金額 | |
		国内生産	輸入	輸出	国内消費仕向量	自給率	輸入	輸出	輸入	輸出
I	サバ	430	63.8	182	297	144	48	181	134	131
	サンマ	180	0.4	26.3	162	111	0.4	26	0.9	19
	殻付きホタテ貝	483	11.5	30.9	465	104	16	8.2	15	206
	ブリ	220	1.4	0	220	99	0.8	―	1.7	―
	タイ	98.3	4.2	4.5	100	99	1.7	0.09	5.3	0.3
	イワシ	229	25.9	3.1	248	92	20	2.1	18.5	0.3
	カキ	208	33.5	5.5	236	88	5	0.7	31.3	3.2
	カツオ	322	104	53	376	86	50	52	46.5	55
	アジ	140	47.7	0	190	73	47.7	―	614	―
	タラ	247	278	166	357	69	136	99	402	180
II	サケ・マス	269	253	78.4	449	60	202	66	1070	177
	イカ	281	204	13.9	481	59	145	10	744	18
	ヒラメ・カレイ	67.1	51.4	1.3	119	56	49.6	1.2	212	3.6
	タコ	50.1	48.3	0.8	103	49	48	0.8	303	9.2
	アサリ	35.1	42	0	77	45	42	―	―	―
III	マグロ・カジキ	224	421	29.7	615	37	287	26	2326	101
	カニ	36.1	118	12.2	143	25	95	5.4	697	46
	エビ	26.4	532	2.3	551	4.7	307	0.8	3101	7.8

注1) タラ：スケトウダラを含む
　2) 単位：千トン，％，億円
　3) 食糧需給表：すり身，貝柱，調製品，塩蔵品は原魚換算してある
　4) 水産物貿易：すり身，貝柱，調製品をそのまま加算した
出所：農林水産省「食糧需給表」に基づき水産庁企画課試算
　　　『水産物貿易統計年報（輸入）』2006年版
　　　みなと新聞2008年3月31日

式が成立する．魚介類自給率は各々の原魚換算量を「国内生産÷国内消費仕向」により算定する．表3.2は在庫を無視して主要18魚種の自給率を試算し，高率の魚種から順に並べた．水産基本計画の目標である自給率65％以上の魚種（Ⅰ），65％には達しないが45％以上の，国内生産と輸入がせめぎあっている魚種（Ⅱ），輸入に重心がある45％以下の魚種（Ⅲ）にグルーピングし，以下それに従って検討するが，生鮮のみならず加工用（塩干・くん等）原魚にも留意したい（小野，2009b）．

1）第Ⅰグループ：自給率・65％以上

10魚種からなり，自給率100％以上のサバ・サンマ・ホタテの輸出魚種，90～100％の国内生産で消費をほぼ充足できるブリ・タイ・イワシ・カキ，65％は上回るが輸入魚種であるカツオ・アジ・タラの3タイプに分かれる．

輸出魚種のうちホタテ貝は，貝柱を含め輸出金額が輸入額をこえる数少ない魚種である．香港・台湾向けに干し貝柱が中華料理の，アメリカ・EUには活・生鮮・冷凍のホタテ貝・貝柱がシーフード料理やフランス料理の，高級食材として需要され，金額的には前者が上回る．よく管理型のモデルケースとして喧伝される北海道（猿払）の地まき＝漁業と噴火湾・青森県を中心とする養殖とが生産を二分する．92年以降EUより，衛生上の理由から輸入を禁止され，03年に再輸出を果たしたが，HACCP導入の契機となった．

2005年で世界の主なホタテ生産国をみると，中国103万トン（養殖のみ）→日本49万トン（天然28.7万トン，養殖20.3万トン）→アメリカ21.5万トン（天然のみ）と並び，6位がフランス3.1万トン（天然のみ）であるが，貝毒の発生に伴い「安全・安心」が強く要求されている．また主に中国・韓国からのホタテ輸入は，とくに中国産が脅威となる可能性がある．

サバ輸出は04年から急増し，中国・韓国・タイ・エジプトがほとんど踵を接している．東南アジアでは缶詰原料，アフリカでは料理の具材に利用される．サイズ別に，500g以上＝鮮魚，400～500g＝切身，300～400g＝缶詰，～300g＝餌料に用途配分されるが，日本では食用にならない小型魚が中国に輸出され，加工後日本に多くが再輸出されているようである．日本は90年代からノルウェーより10万トン以上輸入していたが，資源回復計画により05

年から国内生産が60万トンをこえ，輸入が激減した．サバの輸出入をよく観察すると，輸入量48千トン・金額134億円（大型魚）に対し，輸出量181千トン・金額131億円（小型魚），単価の差が大きい（kg当たり，輸入279円・輸出72円）．漁業管理において検討すべき課題であろう．

　サンマは養殖主体でIQ品目のブリ・タイとともに，韓国に輸出（ブリは中断）される．イワシまでの6魚種は安定供給に問題がない．カキ以下の4魚種は徐々に自給率が低くなるが，殻付きで重量が多くなる貝類は除き，第Iグループにおいて国内消費規模が最大のカツオ・タラを検討しよう．

　第Iグループは概して生鮮・冷凍のみならず加工用原魚ともなるが，両者も同様である．カツオの加工用は国内的には節類として，国際的には缶詰として利用され，脂肪分の少ない前者をインドネシア・台湾等から輸入し，多い後者をタイへ輸出する．カツオも数少ない輸出超過の水産物である．

　2006年の練製品生産量は61.8万トン，すり身供給実績が37.2万トン，すり身輸入＝29万トンのうち，スケトウおよびタラすり身が11.7万トン，ほぼすべてをアメリカから輸入する．06年の世界のすり身生産量が62.7万トン，アメリカ17.8万トン，タイ14万トンがBig2である．日本の家計の練製品消費額は減少が続き，生産量が一貫して縮小している．しかしEUでは練製品消費量が増え，韓国とともにすり身輸入量を増加させ，アメリカのスケトウすり身をめぐり，3者の競合が強まっている．生産縮小が続く日本の練製品製造業は，原料コストをさげるために安価な東南アジア産すり身を調達する傾向がある．

　すり身が輸入を代表するとすれば，沿岸部で漁獲する生鮮スケトウダラが輸出を表現する．中国・韓国に2分され，中国では委託加工の原魚として白身フライ・ムニエル・干物に加工し，日本に再輸出するケースが多い．韓国ではキムチ，チゲ料理の素材として好評である．

　輸出の生鮮→中国・韓国，輸入のすり身→アメリカとスケトウダラの輸出入は内容・性格が異なるが，日本のすり身消費量は，200海里減産以来，アメリカを始めとする輸入に依存せざるをえない．欧米の練製品消費（シーフード・スティック）が拡大傾向にあるうえに，スケトウ減産が伝えられ，北米産

すり身の「売手市場化」が強まろう．すり身原料魚がいっそう不足し，新魚種を開拓するか東南アジア産に代替するしかないと思われる．

　第Ⅰグループの10魚種のうち，カツオとスケトウダラの一部以外はほぼ日本のEEZ内で漁獲される．養殖中心のブリ・タイ・カキを除き，低価格魚に属し，食用国内生産の58.7％，国内消費の36.0％をしめる（後掲表3.4）．また既述のカツオ・スケトウダラを筆頭に，サバ・サンマ・イワシ・アジは多獲性魚として加工用原魚の比重が高い．

　2）第Ⅱグループ：自給率・40～65％

　全般に国内生産と輸入がほぼ対等にせめぎあっているが，5魚種のうち，ヒラメ・カレイ，タコ，アサリは市場規模が小さく，カレイはTAE制度の対象である．

　イカ漁業はもともと，70年代前後から沿岸→沖合→遠洋へと発展してきたが，スルメイカが漁獲の過半をしめ，業種の主力は沿岸イカ釣，遠洋は加工用のアカイカが中心である．最高価格のモンゴウイカは主にタイから輸入し，生鮮・冷凍のみならず調製品・塩蔵形態の輸入も多い．スルメイカは消費形態がやや異なるようであるが，周知のように日・中・韓が東海・黄海漁場において競合している．200海里の線引きをめぐり対立があり，日韓暫定水域において，あるいは日中暫定措置区域において，漁獲競争が行われている．また高価格のモンゴウイカは稀少種をめぐり競合し，イタリア・アメリカなどと価格競争が激化している．最近ではイカ・タコなどにも欧米のバイヤーが食指をのばしているという．

　サケマスは内水面漁業から定置・養殖，日本・ロシアの200海里内漁船漁業にいたるまで，国内生産が最も広範囲に展開する．世界でも有数のサケマス輸入国であると同時に，国内的には輸出金額がホタテ貝につぎ，数量においてもサバ・スケトウダラの後を追う．水産物消費が全般に停滞的ななかで，例外的に好調を続け，国内の放流シロザケよりも高価格の輸入サケを消費している．

　表3.3に2006サケ年度（5月～翌年4月）の需給関係を整理した．在庫を含め国内供給量62.2万トンのうち，およそ，国内生産＝4割弱，輸入＝4割強，

表3.3 サケ・マス需給
(2006年サケ・マス年度・06.5〜07.4)

	数量（トン）	比率（％）
前期繰越在庫（4月末）	114,120	18.2
期末残庫（4月末）	119,183	19.0
輸入	265,500	42.4
生鮮・冷蔵	23,112	3.6
アトランティック	21,015	3.3
ノルウェー	16,254	2.5
冷凍	226,801	36.2
ベニサケ	44,350	7.0
アメリカ	17,851	2.8
ギンザケ	79,874	12.7
チリ	78,512	12.6
トラウト	45,226	7.2
チリ	37,077	5.9
フィレー	44,308	7.0
チリ	37,325	5.9
塩蔵加工品	15,665	2.5
国内生産	246,470	39.3
道東	15,270	2.4
国内マス	7,200	1.1
アキサケ	212,000	33.8
養殖ギンザケ	12,000	1.9
総供給量	626,090	100.0
輸出	65,500	10.4
国内消費量	441,410	70.5

注1）総供給量：前期繰越在庫＋輸入計＋国内生産
　2）国内消費量：総供給量－輸出－期末在庫
出所：水産経済新聞2007.6.18より作成

国内消費に7割がまわり，輸出が1割をしめる．国内生産は内水面の1.6万トンを除き，日本の河川に稚魚を放流し回遊したアキサケ，日本の海面養殖によるギンザケ，「春鮭鱒」とよばれる道東のトキサケ（シロサケ）・カラフトマス・ベニサケ，オホーツク海沿岸を主とし日本海が加わるカラフトマス，以上の4分野からなる．アキサケ・ギンザケ以外は漁船漁業であるが，道東には日本200海里内（太平洋側）とロシア200海里内操業があり，後者は中型船がカムチャツカ南東で，小型船が千島列島沖で主にベニザケを狙うが，実際にはトキサケ漁獲量が多い．

　2006年の世界のサケマス生産量は，天然3・養殖7の比率で240万トン（ラウンド換算）と推定され，日本の輸入はチリ・ノルウェーを中心とし，魚種としてはギンザケ→トラウト→ベニサケ→アトランティックの順に並ぶ．チリのギンザケ養殖生産量の約8割はなお日本向けであるが，EU・ロシア・アメリカを中心にアトランティックサーモン・トラウトの需要が急増し，日本に影響が及ぶ．EU・ロシアからノルウェーに対する輸入が増え，数量・価格の両面において日本への供給が脅かされ，同様にアメリカからのベニザケ輸入が，中国・カナダの後塵を拝している．

　以上，やや詳しくサケマスの需給関係を追跡したが，まず国内生産のうち，ロシア200海里内操業はロシアの意向が大きく左右し，養殖ギンザケも詳説

3 世界の水産事情と日本の水産業の課題   51

はさけるが，不安定で特殊な技術形態である．輸入はサケマスに対する日本の購買力にかかっている．もっとも，需給関係がタイトに傾くと予測されているが，チリ・ノルウェーには養殖開発の余地が残されているのではないか．チリのように日本の大手資本が進出すれば事情が異なってくるかもしれない．

　最後にこれまで留保してきた国内生産において，最大である栽培漁業によるアキサケを検討しよう．

　来遊量には波があるが，通常の20～24万トンのうち，ドレス換算で6万トン前後を中国中心に輸出する．中国は主としてシーフード需要の高まる欧米にフィレ加工して再輸出し，上海など沿海部大都市消費も拡大している．アキサケの輸出シェアは国内向けより大きく，国内では旬の切身商材，あるいは新巻などの塩蔵・低塩フィレといった加工原料にまわる．国内生鮮消費を担っているのは，おおむね，低価格の国内生産＝アキサケではなく，高価格の輸入品である．高価格でも脂肪分の多い輸入サケ（ギンザケ・トラウト・アトランティック）が，低価格でも脂肪分の劣るアキサケよりも，「豊かな食生活」を営む消費者に選好されてきた．サバにも一部共通するが，輸入が国内消費を支え，国内生産は輸出にまわって分母＝国内消費仕向量をひき下げ，結果的に自給率が上昇しているのである．もしもサケマス需給が逼迫して高価格となり，充分な輸入購買力をもちえなくなれば（「買い負け」），その程度に応じてアキサケの出番が増え，ついには国内鮮魚消費の中心になる時がめぐってくるかもしれない．

　3）第Ⅲグループ：自給率・40％以下の魚種

　ここに属するのは3魚種のみであるが，いずれも高価格魚であり，マグロ，エビは国内的にも有数の市場規模をもつ．このなかでマグロ漁業の中核である遠洋マグロ延縄漁業は，1990年代半ばまで日本漁業を牽引してきたが，台湾漁業におされ，またマグロ養殖業・まき網漁業の圧迫をうけ，経営的苦境にある（小野，2007）．2007年から08年に入り，石油価格が暴騰し，現在では落ち着いているが，遠洋マグロ漁業の突破口をどこに見つけるかは容易ではない．もっともそれはマグロ漁業に限られたことではなく，日本漁業全般が長年にわたり構造不況業種を続けている．

養殖マグロが脂身商材＝トロとして刺身マグロの頂点に座り（山本，2008），減少傾向にあった刺身供給量が07年についに37万トンまで低下した．刺身市場は日本の「独占」と考えられてきたが，日本以外に，アメリカ＝3〜5万トン，EU＝4〜8万トン，韓国＝1.5〜2万トン，台湾＝5〜8千トン，中国＝4〜6千トン，合計＝5.8〜9.2万トンと推計される（OPRT，2006）．90年代末葉から輸入産業化したマグロ漁業が石油価格高騰に直撃され，06年以来，経営転換・再建をはかっていることはよく知られていよう．すべての刺身マグロが日本市場に殺到することを避けること，具体的には，日本の外部に刺身市場を育成することは，1990年代におけるマグロ漁業の宿願であったが，ようやく緒につきつつある．

養殖クロマグロ・ミナミマグロを筆頭にメバチ・キハダが，前者はスペイン・クロアチア・オーストラリアから，後者は台湾・中国・韓国から，主に輸入される．他方日本近海を主漁場とするビンナガはカツオとともに缶詰用原魚として，世界一の輸出シェアをもつタイに供給される．ここでも高価格品→国内消費，低価格品→輸出の構図が見られる．マグロは高度回遊性魚種として世界中を回遊し，日本近海のような漁場的優位性がない．日本漁業として国際的競争力をいかに強化していくかが課題となる．

カニの国内生産はベニズワイガニ・ズワイガニ・ガザミ類を中心に合計3.6万トン，輸入11.1万トンのうち，タラバガニ3.3万トン，ズワイガニ5.2万トン，8〜9割のシェアをロシアがもつ．調製品1.6万トンは中国が6〜7割をうけもつ．後述のエビとともに，国内生産を大幅に増加させることは事実上不可能であろう．

エビの1世帯当たり家計消費は90年代初頭からほとんど連続的に減少し，数量では07年に2kgをわり，金額でも05年から4,000円をきった（07年＝1,900g・3,632円）．生鮮エビの減少を天ぷらやフライの調理済み食品，あるいは外食の増加で補っているが，全般に消費が縮小傾向にある．この結果，「豊かさの指標」ともいわれるエビは，86年以来98年まで輸入農林水産物の金額第1位を維持してきたが，2006年に豚肉にトップをゆずり，たばこ・製材につぐ4位に後退した．また国際的には日本は96年までエビ輸入量世界1

を誇っていたが，97年にアメリカに追い抜かれ，開差が年々拡大している．アメリカ・日本が群を抜くエビ輸入大国であることは変わらないけれども，07年の冷凍エビ輸入量は21年ぶりの低水準となり，日本の地位が徐々に低下している．

エビ生産の構図にも大きな変化が現れている．まず念のために06年の国内生産を瞥見しておけば，イセエビ・クルマエビ・内水面漁業＝各々約1,200トン，クルマエビ養殖＝2,000トン，その他の海産エビ類＝2.2万トン，合計2.7万トンに対して，輸入量は調整品をあわせれば30万トンをこえる．1980年代後半，大正エビから主役の座についた養殖ブラックタイガー（BT）にかわり，2000年代に入りバナメイが，病気に強い・味がよい・安いことから急速に台頭し03年より養殖生産量がBTを上回った．BTの独壇場であった大型サイズでも，ジリジリとバナメイへのシフトが進んでいる．

サケマスとともにエビが，水産物のなかで最も国際商品の性格が強く，マグロもカツオとあわせ，刺身用として，また缶詰用原魚として同様な性格をもつ．言いかえれば世界的な水産物需給動向から強く影響される．エビの国内生産をひきあげることは実際には「できない相談」であり，あえて自給率の上昇にこだわるとすれば消費を減らすしかないであろう．カニもほぼそれに近い．エビ・カニと共通する魚種がほかにもある（例えば魚卵）．

国内消費仕向量＝市場規模を魚種別に検討すると，まず61万トンのマグロ，55万トンのエビが第Ⅲグループから，その後に45〜48万トンのイカ，サケマスが第Ⅱグループから続く．後2者は加工用原魚としても見落とせない．国内生産が基軸の第Ⅰグループでは，カツオ・タラの36〜38万トンが目に入るにとどまる．しかしグループ総体としては，第Ⅱ・第Ⅲグループの国内消費合計は第Ⅰグループに及ばない．第Ⅰグループが市場規模の小さい多数魚種の集合により安定供給に寄与しているのに対し，第Ⅱ・第Ⅲグループのo Big4のうち，マグロ・エビは輸入の依存度が大きく，サケ・マス，イカも輸入の役割が大きい．

（3）小括

　食用魚介類の安定供給を，個別魚種の自給率によりグルーピングし，加工用も視野に入れ検討した．18魚種以外にはホッケ11.5万トン（06年生産量），イカナゴ10.1万トン（同）が目ぼしい魚種として挙げられる程度である．食料需給表により全魚種と18魚種を対照させると（表3.4），18魚種が国内生産および国内消費の7割以上をカバーしていることがわかる．しかし内容的には第Iグループの役割が大きい．全魚種を扱う食料需給表では食用消費を生鮮・冷凍，塩干・くん等，水産調製品，缶詰に4大別し，各々につき国内生産と輸出入を算出する．2000年以降では最終形態の原魚換算量が，すなわち輸出入された生鮮・冷凍が塩干・くんの加工原料に使われた場合，加工原料の輸出入量として計算されている．

　図3.4は食用消費量とともに，その5％未満にとどまる缶詰を除き，生鮮・冷凍と塩干・くん等（水産調整品を含む）の消費量および各々の内訳である国内生産・輸出入を描いた．生鮮・冷凍と塩干・くん等では後者の消費量が多く，食用消費の縮小にほぼ歩調をあわせて減少する．言いかえれば両者のシェアは前者＝40〜46％，後者＝49〜55％で，あまり変わらない．しかし自給率は大きく動く．まず生鮮・冷凍では国内生産が輸入を次第に大きく上回り，自給率が2000年の59.9％から08年には78.8％に上昇する．他方，塩干・くん等では逆に，輸入が常に国内生産の上位にあり，自給率が40〜48％

表3.4　食用水産物の自給率—2006年—

	国内生産	外国貿易		国内消費仕向量	自給率
		輸入	輸出		
18魚種合計（A）	3,353	2,263	481	5,198	64.5
Iグループ	2,557	570	369	2,651	96.4
IIグループ	702	598	80	1,229	57.1
IIIグループ	286	1,071	32	1,309	21.8
全魚種合計（B）	4,362	3,711	721	7,358	59.2
1．生鮮・冷凍	2,214	1,375	645	2,946	75.1
2．塩干，くん等	1,222	1,967	60	3,133	39.0
3．水産調整品	692	265	11	945	73.2
4．缶詰	234	104	5	334	70.0
A／B（％）	76.5	60.8	66.7	70.6	—

出所1）18魚種：表2参照
　　　2）全魚種：食料需給表（概算値）

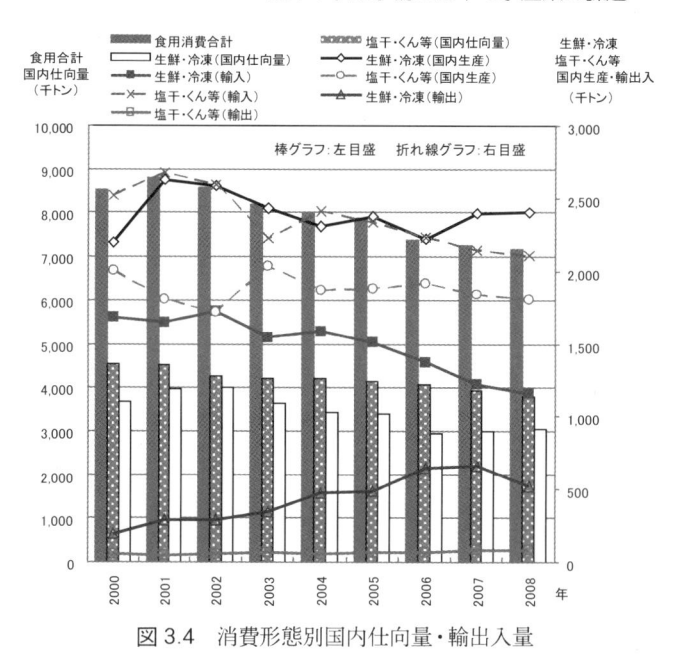

3 世界の水産事情と日本の水産業の課題　55

```
食用合計                食用消費合計           塩干・くん等(国内仕向量)      生鮮・冷凍
国内仕向量   　　　　　　生鮮・冷凍(国内仕向量)    生鮮・冷凍(国内生産)        塩干・くん等
(千トン)            生鮮・冷凍(輸入)        塩干・くん等(国内生産)      国内生産・輸出入
                 塩干・くん等(輸入)       生鮮・冷凍(輸出)          (千トン)
                 塩干・くん等(輸出)
```

図 3.4　消費形態別国内仕向量・輸出入量

の範囲を動く．輸出はとくに近年，生鮮・冷凍の上昇傾向が目につく．

　食用魚介類の安定供給から見れば，生鮮・冷凍は自給率目標をこえ最近では80％前後に達している．ところが国内消費仕向量の過半をしめる塩干・くん等の自給率は40％以下，合計の自給率が6割を割りこむ最大の要因である．そこで細部の判明する2008年により塩干・くんに検討を加えよう．

　表3.5は塩干・くん等，言いかえれば陸上加工品の生産量および原魚換算量・換算率を示した．練製品の原魚換算量が合計の28.0％をしめトップ，冷凍食品，その他の食用加工品，塩干品，節製品が続く．魚種別の原魚換算量はカツオ19.2万トンをトップに，イワシ15.2万トン，サバ13.0万トン，サケマス12.6万トン，シラス9.4万トン，アジ7.2万と並ぶ．08年と06年の加工生産量には大差がないので，表3.2の国内仕向消費量と判明する限りにおいて直接に比較すると，およそ，カツオの半ば，イワシの6割，アジ・サバの4割，サケ・マスの3割，サンマの2割，イカ・カレイの1割強が加工向けであることがわかる．

08年の塩干・くん等の国内消費仕向量3,798千トン（図3.4参照）は，国内生産（表3.5）と輸入から輸出を差し引き原魚換算した数字である．同様に輸入量2,106千トンの詳細（以下，水産庁データによる）は，練製品向け202千トン，塩干・くん製向けの生鮮・冷凍品1,343千トン，以上の加工用の原魚に対して，もともと塩干・くん等として輸入された製品の原魚換算量が560トンとなる．少量の輸出を無視すれば，表3.5の練製品938千トンのうち202千トンが，塩干・くん等では2,412トンのうち1,343千トンが加工用原魚として輸入され，合計量（1,545千トン）は直接食用の生鮮・冷凍輸入（1,159トン）

表3.5 塩干・くん等の生産量および原魚換算量（千トン）

	2006	2008		
		生産量	原魚換算	換算率
練製品	618.0	605.8	938.3	}1.43〜1.67
かまぼこ類	536.7	554.0	839.4	
冷凍食品	293.0	283.7	632.6	
刺身等包装食品	151.2	148.5	331.1	}2.23
水産物調理食品	141.8	135.2	301.5	
塩干品	222.9	212.0	363.7	
アジ	50.8	51.0	72.9	1.43
イワシ	25.2	23.5	58.7	2.50
ホッケ	49.1	45.6	70.2	1.54
サバ	17.2	16.9	48.2	1.43
サンマ	24.5	20.8	34.7	1.67
カレイ	12.8	11.6	17.9	1.54
節製品	111.9	107.3	343.6	
カツオ節	38.8	34.7	192.7	}5.56
サバ節	12.1	14.8	82.4	
塩蔵品	197.8	190.4	232.2	
サケマス	108.3	101.4	126.7	1.25
煮干し	69.0	72.4	219.9	
イワシ	29.7	32.7	93.4	2.86
シラス干し	23.8	28.5	94.8	3.33
その他の食用加工品	453.4	427.5	440.3	
調理加工品	311.0	302.0	297.1	
水産物漬物	67.4	63.2	79.6	1.50
イカ塩辛	23.8	23.2	58.0	2.50
合計	1,965.9	1,929.5	3,350.3	
練製品	618.0	605.8	938.3	
塩干・くん等	1,347.9	1,323.7	2,412.1	

注1）陸上加工品
　2）千トン
出所：『水産物流通統計年報』2006および水産庁企画課試算

を上回った．製品輸入をあわせると塩干・くん等の輸入依存度はさらに高まる．

18魚種のカバー率が国内生産→輸出→輸入の順にさがるが（表3.4），塩干・くん等の加工用原魚の自給率が低下し，なかでも前述したように練製品原魚（スケトウダラ）の自給率が案外高く，それ以外の水産加工品は原魚の過半を輸入に頼っているのである．魚種別の加工向け比率を前述したが，第1グループが大部分であり，合計で原魚換算量が1千トンをこえる冷凍食品・その他の食品加工品の詳細は分らない．生鮮・冷凍よりも，むしろ加工用原魚の自給率を高めなければならないのはやや意外であるが，以下では食用魚介類の自給率目標・65％を達成するために企図されている政策課題を追求しよう．

4．日本水産業の政策課題

（1）水産基本計画

水産基本法に基づいて2007年3月，第2回目の水産基本計画が策定された．海藻類を除く2017年度の水産物自給率目標として，前述したように食用＝65％，非食用を含む水産物全体＝56％が掲げられ，基準年である04年度から食用で53万トン，全体で50万トンの増産が求められている．（表3.6）．も

表3.6　水産基本計画（％・万トン）

	2004	2006	2017 趨勢値	2017 目標値
魚介類自給率（全体）	49	52	49	56
うち食用	55	60	56	65
総生産量	518	506	470	568
うち食用	442	436	401	495
部門別　遠洋漁業	54	51	40	49
沖合漁業	241	249	226	284
沿岸漁業	140	133	124	149
海面養殖業	73	69	75	76
内水面漁業・養殖業	11	8	6	12
消費量	1,052	982	968	1,020
うち食用	800	735	712	764

注1）海藻類を除く．部門別には非食用を含む．
　2）2006年の部門別は暦年．他は年度．
　3）趨勢値：長期トレンドより算出

う少し内容に立ち入ると，自給率の分母である国内消費量は21世紀以降趨勢的に減少しているが（前掲図3.2），基本計画では17年の1人1日当たり消費量（純食料ベース）を，長期トレンド（87g）を上回る，平成5年と同程度の94gに，「望ましい水産物消費の姿」として設定する．推計人口を掛け合わせた粗食量ベースの食用消費量は764万トンとなる．先述したように国内生産量も停滞もしくは減少傾向にあり，目標値は趨勢値を90万トンこえる．消費量・生産量のトレンドを上方修正する野心的計画といってよい．

生産目標および消費動向と関連するが，当然ながら，自給率を達成するためには政策的努力・テコ入れを必要とする．具体的内容としてはTAC魚種の資源管理・漁業管理により50万トン以上の，増養殖等の漁場整備により20万トン以上の増産が企図され，両者が増産計画の大半をしめる．前者ではサバ類に30万トン近く，スルメイカ・サンマに各10万トン以上の生産拡大を見込んでいる．10年先の計画の紹介はこの程度にするが，水産基本計画は自給率の達成にむけ6項目を掲げる．

①低位水準にとどまっている水産資源の回復・管理の推進，②国際競争力のある経営体の育成・確保と活力ある漁業就業構造の確立，③水産物の安定供給を図るための加工・流通・消費施策の展開，④水産業の未来を切り拓く新技術の開発及び普及，⑤漁港・漁場・漁村の総合的整備と水産業・漁村の多面的機能の発揮，⑥水産関係団体の再編整備．

資源，経営，加工・流通・消費の①②③が核心をしめようが，①の資源管理・漁業管理を第2項でまず検討しよう．

無主物の日本，水産資源を国民の共有財産と考える欧米においても，「先占」によって水産物の所有権が確定することは変わらない．水産業においては「先占」（分かりやすくいえば「早い者勝ち」）により始めて所有権が生じるため過剰投資がビルトインされ，また無主物あるいは共有財産であるため，過剰漁獲（乱獲）に陥りやすい．個々の漁業者にとっては不可欠（例えばイカ釣り漁業の光力競争）であっても，社会的にはムダな投資が高コスト構造をもたらし，他面，漁獲競争により資源枯渇・破壊を招きやすい．漁業管理が必須であり，同時に至難でもあるが，供給側＝生産サイドの管理シス

テムに対して，需要側＝消費サイドから接近する水産エコラベルが近年注目されている．それは水産基本計画の③に含まれ，「生態系や資源の持続性に配慮した方法で漁獲管理された水産物であることを示すラベル」と定義される．管理コストがあまりかからない水産エコラベルを第3項で説明しよう．

水産基本法は水産資源の持続的利用を前提に，水産物の安定供給と水産業の健全な発展を基本理念として掲げ，前者の達成には後者が欠かせない．水産基本計画の②は，①の漁業管理と不可分の関係にあり，漁業経営はその一分野ともみなしうるが，第4項で検討し，本節の結びとしたい．

（2）資源管理・漁業管理

資源管理とは狭義には生物資源の管理をさし，広義には経済的諸問題を含む，水産業全般の経済・経営管理を包括する，産業としての漁業の管理を表現する．以下では資源管理は狭義に限定し，広義の資源管理＝漁業管理を主に議論する．

日本の漁業管理は大まかに言って部門的に，遠洋＝A．地域的漁業管理機関，沖合＝B．TAC制度（Total Allowable Catch・漁獲可能量制度）およびC．資源回復計画，沿岸漁船漁業＝D．資源管理型漁業（管理型とする），海面養殖業＝E．持続的養殖生産確保法（1999）に基づく漁場改善計画制度，を制度的基軸にすえると整理できる．このうちマグロ・カツオを中心とするAを国際的管理の対象でありひとまず除けば，BがEEZ（Exclusive Economic Zone・排他的経済水域）外を含む広域の多獲性資源（サバ類，アジ，マイワシ，サンマ，スルメイカ，スケトウダラ，ズワイガニ）を，Cが大臣と知事の許可漁業にまたがり都道府県域をこえる，中心には底魚資源を，Dの多くが漁協内の，県域をこえることは少ない範囲の主に定着性資源を，対象として日本の漁業管理は展開されている．

CはBに遅れ水産基本法の制定に伴い「海洋生物資源の保存及び管理に関する法律」（通称TAC法，1996年制定）を改正し（2001年），03年からTAE制度（Total Allowable Effort・漁獲努力量管理制度：操業日数・隻数などの漁獲努力量の総量＝上限を設定する）を導入した．TAEの魚種は，カレイ類5

種のほかイカナゴ・サワラ・トラフグ・ヤリイカが政令で指定されている．

　Cには主体が国の広域資源回復計画（09年3月末現在17計画）と，都道府県の地先資源回復計画（同31計画）があり，さらに漁業種類に着目した国による包括的資源回復計画（同16計画）も始まっている．北太平洋海域のマサバ・瀬戸内海のサワラが著名であるが（小野，2005），TAC魚種を含みカレイ・ヒラメ・ベニズワイガニ・トラフグ等多様な魚種からなる．業種としては小型底曳きが代表的，とくに包括的回復計画では大部分をしめる．Bは中小資本漁業の上中層が担い，操業範囲に中国・韓国・ロシアとの領土問題を抱え，量的にも沖合漁業の中核であるのに対し（小野，2005），Cの多くは，中小漁業の下層に属し漁船漁家を対象に含み，沿岸漁業の延長上にある．

　D．1980年代に日本水産業の突破口となりうるかもしれないと過大な期待を寄せられた管理型には，88年から漁業センサス時，漁業管理組織が集計されている．2003年の1,680組織のうち採貝・採草が1／3強をしめ，刺網→小型底曳と続く．管理組織に参加した経営体数では釣が小型底曳を上回る．管理型が漁業内部にどの程度浸透しているかを知るために表3.7を作成したが，採貝・採草，小型底曳を「営んだ経営体」では，7割前後が管理組織に参加する．沿岸漁業層を中心に管理組織が成立しているので，それとの比率を見る

表3.7　漁業管理組織（2003年）

漁業種類	管理組織	A 参加漁業経営体数（延べ）	B 営んだ経営体	C うち沿岸漁業層	うち中小漁業層	A／B	A／C
計	1,608	150,952	134,173	125,434	6,872	—	—
小型底曳	205	10,605	15,232	14,028	1,204	69.9	75.5
小型以外の底曳	12	175	345	2	343	50.7	0.1
刺網	303	15,194	39,604	37,948	1,649	38.3	40.0
釣	107	14,168	69,923	33,821	3,248	20.2	41.8
はえ縄	40	2,418	9,932	8,540	1,306	24.3	28.3
船びき網	33	1,210	4,856	3,287	1,203	24.9	36.8
採貝採草	615	46,427	62,547	61,344	1,183	74.2	75.6
定置網	36	1,174	9,305	9,096	188	12.6	12.9
その他の漁業	197	9,505	39,184	37,814	1,365	24.2	25.1
海面養殖業	57	2,804	43,162	33,515	401	0.64	0.83
上記以外の漁業	3	37	—	—	—	—	—

出所：『2003年漁業センサス』第1報

と，前述の2業種のほか，釣・刺網・船引き網を「営んだ経営体」のうち約4割が管理組織に参加する．小型底曳・刺網・船びき網といった沿岸漁船漁業の中核に管理組織がかなり浸透していることが確認できよう．

Eはとくに魚類養殖業において，過密養殖による漁場汚染，それによるコスト上昇を背景に漁協を漁場環境管理者と位置づけ，水質・底質・養殖密度・餌料総量などの基準を自主的に定め，漁場環境を改善しようとする制度である．しかし魚類養殖価格の長期的低迷により，環境基準をこえる過密養殖が常態化し，漁協自身が養殖業者との共犯関係に陥り効果はあまりあがっていない（濱田，2003．長谷川，2009．小野・中原，2009）．

以上，日本のEEZを中心として漁業管理のあらましを通観したが，国連海洋法条約においてはEEZを設定すれば，TACを定め適切な資源管理を行う義務がある．漁獲量の4割近くに及び日本の公的管理を代表するTAC制度には，IQ（Individual Quarter・個別割当方式），ITQ（Individual Transferrable Quarter・譲渡性個別割当方式）をめぐり活発な議論が戦わされているが，これにはサンマが代表する単一魚種・単一業種では可能であるかもしれないが，底曳・巻網の代表する，多魚種漁獲の（日本ではむしろ支配的）業種では至難であることを指摘するにとどめておく．ここでは漁業管理と経営の関係からTAC制度を念頭に置きながら考えてみよう（小野，2007b）．

第1に無主物先占による先取り競争は，ややもすれば過剰投資→過剰漁獲を引き起こし，コスト・魚価の両面から漁業経営のマイナス要因となる．漁船の多くがトン数制限の上限にはりつき，エンジンの高馬力競争も激しい．許可制度は参入障壁として十分に機能せず，資源後退期にはことに，過剰能力により高コスト構造を形成しがちである．イワシ・サバ類・マアジを対象とする大中型まき網は，90年代以降，倒産と減船により規模を縮小した．資源変動の激しい浮魚を対象魚種とするならば，中長期的な変動に柔軟に対処しうる制度的枠組みを構築することが必要である（山川，2007）．5年に1度の一斉更新と1年のTACとの接合は制度的に無理がある．

第2に単なる生物資源管理をこえた，産業の管理として漁業管理を捉えるならば，資源量・生物量としてのTACは，同時に，需給量・市場量としての

性格をあわせもっていることが理解できよう．事実，TACはしばしば，「ABCを基礎に社会的経済的要因を加味して決定する」と定義される．市場需給量こそ，「社会の経済的要因」を表現する．経済的事情を加味する政策決定過程から判断しても，TACは生物量であるのみならず，経済的需給量でもある．とするならば，TACの決定には，漁業生産のみならず，流通・加工業者，消費者等の需給関係者の参加が不可欠であり，サバで前述した用途配分を含む需給動向の予測が要求される．輸出入を含む需給関係の見極めが容易ならぬ難題であることは充分に理解しているが，そうすることにより，TACと漁業経営との接点が自ら生れてくるに違いない．

（3）水産エコラベル

水産資源の適正な管理，つまり過剰漁獲の抑制には，供給サイドの漁獲規制が容易ではなく，可能ならば，需要サイドの方がはるかに有効でありコストもかからない．とりわけ消費サイドからチェックできれば影響・効果が大きい．

国際的にはMSC〔Marine Stewardship Council（海洋管理協議会）〕のロゴマークが著名であり，京都府機船底曳網漁業連合会がズワイガニとアカガレイを対象に2008年9月アジア初の漁業管理認証を取得した．09年11月土佐鰹水産が続き，カツオ漁業として世界で初めて，一本釣漁業により漁業認証を得た．また大日本水産会は2008年「マリン・エコラベル・ジャパン」（通称・MELジャパン）として日本独自の水産エコラベルを立ちあげ，12月に日本海ベニズワイ漁業が，また翌年5月には駿河湾サクラエビ漁業および十三湖シジミ漁業が認証を得た．2000年にIUU（Illegal Unreported and Unregulated）漁業を排除するために設立されたOPRT（Organization for Promotion of Responsible Tuna Fisheries：責任あるマグロ漁業推進機構）も，類似した内容をもつラベル表示パイロット事業を実施している．

MSCの2006/07年次報告によれば，2007年までに新たに6漁業・18魚種，累計24漁業が認証され，世界の食用向け漁獲の7％に相当する約400万トンが認証済み，もしくは審査中であるという．イオン・コストコなどの大手量

販店を含む433企業がMSC認証の水産物を扱い，MSCラベルの製品はこの1年で76％増，500に達し，35カ国で販売され，ラベル付水産物小売販売額は昨年の16％増，5億ドルをこえた．

　海のエコラベルに対する欧米の小売業の取り組みは，日本とは比較にならないほど活発である．2006年2月，アメリカのウォルマート・ストアーズでは，鮮魚・冷凍魚を対象に3～5年かけて，全量をMSC認証をもつ漁業者から調達すると発表した．国内ではイオンの積極的活動が知られている．

　認証には取得費用と手間がかかり，水産資源の科学的データを整理し取りまとめる必要がある．漁業管理手法が日本と欧米では異なり，MSCの日本版を目指すMELに期待がかかる理由である．しかし北海道漁業協同組合連合会は，アキサケのMSC認証を取得する方針である．漁獲量の半ばを輸出する中国が，フィレなどの加工品の欧米輸出のためにMSC認証の取得を求めたからである．世界基準のMSCがビジネスでは有効である．

　エコラベルは適正な漁業管理下にある漁獲物を，市場メカニズムを通してサポートすることができる．それは水産資源の乱獲を防ぎ，究極的に消費者に利益をもたらすシステムになりうる．「消費者の自己責任」の果たす役割に期待がかかるのである．

(4) 漁業経営

　水産基本法21条は「効率的かつ安定的な漁業経営を育成するため，経営意欲のある漁業者」を求めているが，「経営意欲のある」とは，しばしば誤解されているかもしれないが，「魚を沢山とってくる」ことではない．経営戦略・マネージメントに優れ，水産基本計画の③にいう加工・流通・消費に連動した経営体制により，②の「国際的競争力のある経営体」を築きあげることである．漁業経営を川上＝漁業生産に限定することなく，川中・川下の流通・加工・外食を含んだトータル経営として構想することが求められている．

　水産物の安定供給にとっては第Ⅱ・第Ⅲグループの自給率をひきあげることが必要であり，国内消費のBig4のうち（前掲表3.2），消費仕向量が最大であるマグロの漁業活動について，フードシステムの観点から経営戦略を考え

てみたい．

　マグロはもともとアメリカ向け缶詰用原魚として，1960年代前半まで輸出産業の筆頭に立っていたが，60年代後半から国内向け刺身用に転換した．高価格魚＝輸出，低価格魚＝国内消費という高度成長期までの需要構造が，70年以降逆転した代表的魚種である．70～80年代がマグロ延縄漁業の発展・隆盛期であるが，90年代後半から台湾，21世紀に入り中国が台頭し，すでに10年以上にわたり輸入が刺身市場の過半を制している（小野，2007a）．

　低賃金を武器とする台湾に，川上＝海上生産においてコストダウンによる価格競争を挑むことは容易ではない．しかし川中（卸売・加工），川下（小売・外食）においては様相が異なる．川中・川下では外国の直接的な影響がほとんど及ばない．競争は一般に価格競争としてのみ展開するわけではない．現在の寡占体制のもとではむしろ非価格競争が主流である．商品差別化，市場細分化，ブランド化等々の，マーケティングが経営戦略として有効である．

　川上において劣位にある日本の生産者にとって，川中・川下は自らのホームグランドであり，台湾，あるいは中国・韓国に優位を築く可能性を秘めている．もっとも川中・川下は日本の流通資本（例えば商社系卸売企業，量販店）にとっても固有の領域であり，強い競争力をもつことに注意しておく必要がある．マグロの最終製品（サク）価格にしめる生産者手取りは35～40％程度と推定され，流通企業がとくに高利潤をえているわけではないが，生産者の川中・川下への進出は当然の経済行動である（小野，2009a）．

　最後に平成18年度『水産白書』でとりあげられ，話題を呼んだ「買い負け」に論及しておきたい．それは水産物の世界市場における日本の地位低下を象徴しているが，市場のグローバル化が及ぼす影響・程度・範囲はフードシステムの位置によって一様ではない．川中・川下の輸入業・流通業・小売業が甚大な影響をうけることは言うまでもないが，他方輸入水産物の主導する価格低迷に伸吟してきた川上＝国内の漁業・養殖業生産にとっては，長年にわたる「構造不況産業」から脱却する契機になるかもしれない．国民一般＝消費者は水産物の安定供給＝食料の確保にまず関心がある．

　欧米・中国の水産物需要が増加し，供給力に制約のある水産物の価格上昇

が予測され，中長期的にはビジネスチャンスが訪れようとしている．魚種としては第Ⅱ・第Ⅲグループの高価格魚で国際競争が強まろうが，輸入圧力による価格低迷に苦しめられてきた第Ⅰグループ，さらには主要18魚種に含まれない市場規模の小さい沿岸・沖合魚種にとっても，言いかえれば川上の漁業生産者からすればビジネスチャンスと見なせよう．日本の国際的「買い負け」とはそれだけ輸入が後退し，国内市場・国内価格に上昇インセンティブが働くことにほかならない．サケマスにおけるギンザケ・トラウトの輸入減少→アキサケの国内消費増加の潜在的可能性は前述した通りである．もっとも08年9月のリーマンショック以降，円高が急速に進み，事態が急転回を遂げているようではあるが….

5. 結語—水産業の産業的意義—

　日本農業では生産の場＝土地を二次的自然として把握できるが，水産業は一般に，自然生態系を構成する海洋環境そのものを生産の場として持続的に利用することにより成立する．水産業の多面的機能としては，物質循環（窒素・リンの回収），環境保全（濾過食性動物による水質浄化），生態系保全（藻場・干潟による水質浄化），生命財産保全（海上の人命救助），防災・救援（油濁除去），保養・交流・教育（海洋レクリエーション），の諸機能を挙げることができる．ここでは水産業と海洋の両者にまたがり，農業，森林・林業には存在しない多面的機能，すなわち物質循環を中心に自然環境の保全を水産業のもつ固有の産業的意義として考察する（小野，2007a）．

　化学肥料の大量投入により，現代農業はリサイクル機能を大幅に失った．さらに畜産排水・工場排水等も，すべてが河川を通じて海に流入する．付言すればごみの大部分は埋め立てられ，東京湾・大阪湾では自然海浜が失われ，埋め立ての余地がなくなりつつある．しばしば世上を賑わす産業廃棄物の山間部・島部・海面等への不法投棄は論外としても，総じて廃棄物は，産業・一般を問わず海洋に甚だしい負荷をかけているのである（乾，2002）．

　下水道普及率が高まっているが，N・Pを除去する高度（3次）処理の下水処理場は普及が限られ，浄化槽を含め多くは，1次（沈殿）・2次（微生物によ

る有機物の分解）処理による COD（化学的酸素要求量）負荷の減少までにとどまり，無機化された栄養塩類が海洋に流入する．この N・P が太陽光によって植物プランクトンに固定され，動物プランクトン→水産生物の食物連鎖をたどり，漁獲・消費される．旺盛な産業活動，高い生活・消費水準は陸から海洋への負荷をますます増大させているが，水産業はそれをカバーする逆方向の，海から陸への物質循環機能を果たしているのである．

　すなわち水産業は漁獲物＝食料の供給という本来的機能が同時に，消費→排泄し海洋に流入した N・P などの栄養塩類を，水産生物に至る食物連鎖により海から陸へ回収する，多面的機能を果たしている．農業，森林・林業の炭素循環と並んで，水産業は N・P などの物質循環に重要な役割を演じているのである．沿岸の半閉鎖海域では有機物が蓄積しやすく富栄養化に陥りやすい．環境関係者は海洋へ流入する栄養塩類の削減にはきわめて熱心であるが，それには莫大なコストを要する．東京湾・大阪湾・伊勢湾，あるいは琵琶湖・霞ヶ浦といった閉鎖性水域の水質汚濁は，漁業が衰退し，栄養塩類の回収機能が失われたことが最大の要因である．遠回りのようであっても漁業を振興させ，水産業の物質循環機能を発揮・強化させることに着目し，環境政策と水産業をくみあわせ，沿岸域の浄化・リサイクルを考えるべきではなかろうか．

　「農業の工業化」により陸上の物質循環が崩れ，すべての負荷が海洋に集中する．生活排水・工場排水・畜産排水が，主に水田・ゴルフ場からは様々な農薬・除草剤が，さらには水銀・カドミウムなどの重金属，石油までも海へ流出する．陸上の生産・消費活動に由来するそれらすべてを，地球上の水の循環に伴って，海洋が最終的にひきうける．逆に海から陸へ物質を循環させるのは唯一，水産業のみである．海洋生態系の食物連鎖の結果である水産資源の漁獲＝食料生産を本来的機能とする水産業は，海洋から陸上への物質循環を多面的機能として果たし，環境保全に寄与すると同時に，自らの活動が循環型社会を形成する．食料・資源・環境をそれ自身に体現する，水産業の産業的意義は規模の小ささをこえて特筆・評価されるのである．

引用文献

秋谷重男　2007．増補日本人は魚を食べているか．北斗書房．1-149．
乾　政秀　2002．漁業・漁村の多面的機能．『水産振興』418号．10-20．
小野征一郎　1990．起死海生〈食〉の昭和史3．日本経済評論社．25-171．
小野征一郎　1999．200海里体制下の漁業経済．農林統計協会．74-95．
小野征一郎編著　2005．TAC制度下の漁業管理．農林統計協会．1-364．
小野征一郎　2007．水産経済学．成山堂書店．17-77．303-315．
小野征一郎　2007．TAC制度の現状と課題．漁業経済研究．52（2）．13-47．
小野征一郎　2009a．転機を迎える遠洋マグロ延縄漁業．AFCフォーラム．日本政策金融公庫．7-10．
小野征一郎　2009b．日本の水産物自給率．近畿大学農学部紀要．42．225-236．
小野征一郎・中原尚知　2009c．魚類養殖業の現状と課題．水産増殖．57（1）．149-164．
生源寺真一　1998．現代農業政策の経済分析．東大出版会．1-14．
川島博之　2008．世界の食糧生産とバイオマスエネルギー．東大出版会．65-71．
川島博之　2009．「食糧危機」をあおってはいけない．文芸春秋社．36-41・57-62．
長谷川健二　2006．養殖経営の現状と課題．松山・檜山・虫明・濱田編，ブリの資源培養と養殖業の展望．恒星社厚生閣．116-125．
濱田英嗣　2003．ブリ類養殖の産業組織．成山堂書店．21-32．
山川　卓　2007．譲渡可能個別燃料割当制（ITOQ：Individual Transferable Oil Quota）による沖合漁業管理．漁業経済研究 52（1）．1-19．
OPRT　2006．マグロ・刺身市場とマグロ資源への影響．図12 RFMO合同会議講演資料．
山本尚俊　2008．量販店のマーチャンタイジング．小野征一郎編著　2008．養殖マグロビジネスの経済分析．成山堂書店．76-80．

第4章
食糧危機を克服する作物育種

岩 永 　 勝
農業・食品産業技術総合研究機構　作物研究所

（当日の講演の録音をもと，講演者の了承を得て作成した原稿である）

1. はじめに

　世界の食糧需給を見ると，「食糧危機の時代」と言われている．昨年，日本では，「世界同時食糧危機」という言葉が使われてきた．これはテレビで使われた表現である．世界史において「食糧危機」は今回が初めてという訳ではない．しかしながら，今回，このような新しい言葉が作られたのには特別な意味がある．これまでの食糧危機と昨年の食糧危機とでは，様相が根本的に違っていた．これまでの食糧危機は，発展途上国のある地域で異常気象や内紛等で食糧生産が停滞する，あるいは食糧の国内分配，配布が上手くいかないことに起因する問題であり，極めて国内的な問題であった．それ以外では，食糧生産が停滞し，貧困が恒常化している，インドがその良い例で，そのような状況を指すものであった．これは日本のような豊かな国からみると，「対岸の火事」ともいえる食糧問題であった．ところが，昨年われわれが経験したのは，全く別次元の問題であった．日本等の先進国を含む世界の多くの国でトウモロコシ，コムギや大豆の価格が2～3倍へと高騰し，ヨーロッパを含む20以上の国で暴動・社会不安へと発展した．世界の貧困人口も大幅に増加，2007年からの食糧価格暴騰のために，1年半の間に新たに約1億5,000万人が十分な食糧を手に入れることができない貧困層に落ち込んでしまった．日本といえども世界の食糧需給事情から無縁でない問題となった．加

えて日本の食料自給率が40％前後と低いために海外の外的要因に左右される日本特有の脆弱性．さらに農業従事者の高齢化等，日本の農業そのものが衰退していることが自明になった．

2．世界食糧危機の原因

なぜ世界が，そのような新しいタイプの食糧危機に陥ってしまったのかを分析したい．そのために，1970年（昭和45年）を中心に分析する．この年は，世界と日本の農業にとっては歴史的な転換点であった．

まず，日本であるが，1960年代に入って，コメ余りがはじまった．これは，コメの一人当たりの消費量が減ったことが最大の理由である（図4.1）．そしてコメ余りに対処するために，コメの生産調整，いわゆる減反政策が開始された．これが1970年である．現在の日本は多くの農業の問題を抱えているが，それを時系列でたどって行くと，ほとんどの場合にこの1970年の政策転換にたどりつく．

一方，世界に目を向けると，1970年というのは非常に喜ばしい年で，当時，国際トウモロコシ・コムギ改良センターのコムギ部長であった，農学研究者のノーマン・ボーローグ博士がノーベル平和賞を受賞したのである．博士の仕事を端的に示したものが図4.2である．図4.2の右側にあるように，それまでコムギというのは背が高く，収量があまりないものであった．それに対し

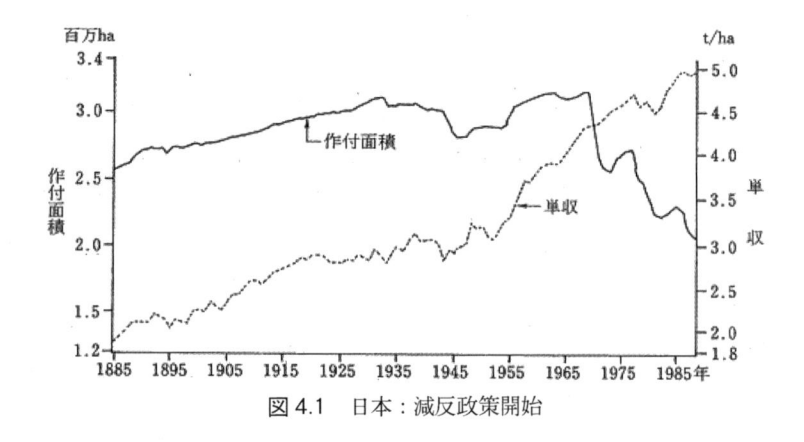

図4.1　日本：減反政策開始

て写真の中央にあるコムギは背が半分ほどだが，収量が2〜3倍となる品種をつくり上げ，それに合致した多収性をもたらす栽培技術を組み合わせて，世界中に広めた．これが「緑の革命」と呼ばれているもので，世界で1億人の人が飢餓から救われたといわれている．

しかし，このノーベル平和賞で象徴される画期的な農業技術革命の後に何が起きたのか．

緑の革命によってさまざまな地域で，この成果が上り，もはや食糧の心配をしなくても済むようになった．この期間中にわれわれは，食糧は十分に

図4.2 背の高い伝統的な品種と多収性・半矮性品種の比較

生産され，時折聞く食糧問題というのは，開発途上国の国内の社会的な問題である，と考えるようになった．また，先進国では農業は国からの補助を受けており，納税者の観点で見ると，国内農業に税金が使われるのは，社会にとっての負担だと考えるようになった（これは日本だけではなく，アメリカ・ヨーロッパも同じである）．そのような状況を反映して農業が軽視され，研究投資額の減少も続いた．

一方，人口の増加は確実に続き，1970年と比べると，現在は30億人増えている．それに加えて，多くの国で食事の肉食化が進んだため，人口増加以上に家畜の飼料としての穀類の需要が増加している．

ここで問題なのは生産の方である．世界の穀類の総生産量というのは，割りと単純な数値で分かる．ひとつは，耕地面積，つまりどのくらいの広さで作物が栽培されているか．そして2番目は，単位面積当たりの収量である．この2つの数値の掛け算で世界全体の総収穫量が決まる．まず耕地面積の話をすると，1960年以来，世界の総耕地面積は増えていない．そうすると，頼みの綱は単位面積あたりの収量の増加である．これを一気に伸ばしたのが緑

の革命の時代であった．ところが，図4.3で示されているように，最近ではこの伸びが急激に低くなっている．図4.3左側の図は，穀類の生産性の増加率で3つの作物に分けて示す．いちばん左端はトウモロコシで緑の革命後の1967年から30年間は毎年2.5％の生産性増加があった．ところが，その右側にあるように，最近の10年間では，この増加率が1.5％まで下がっている．その次にあるのが，コムギである．コムギは世界でいちばん取引されている食べ物で，世界の食糧安保の根幹を担っている．このコムギは最近の10年間で毎年の増加率は0.9％まで低下している．つまり世界の人口の増加率よりも低くなっている．その右にあるのが，コメである．これも最近10年で年0.8％の増加率しかない．一方，穀類の需要の増加率を図4.3右側に示した．緑の革命の頃の穀類の需要増加率は年1.5％前後で，この数値は生産性増加率よりも低い値である．ところが，最近の10年間を見ると，需要増加率は2％近くまで伸びている．以前述べたように，同じ時期の生産性増加率は1％程度に落ちている．つまり，最近の10年間は，生産性増加率は需要増加率に追いついていない．そのため，備蓄していた穀類を取り崩して需要増加に対応した．その備蓄も備蓄率が危険ゾーンと言われるレベルまで2006～2007年に下がってしまった．そのために，2007～2008年にかけて，穀類の需給ひっ迫が続き，穀類の国際取引価格は急騰した．食糧価格高騰の原因として，ト

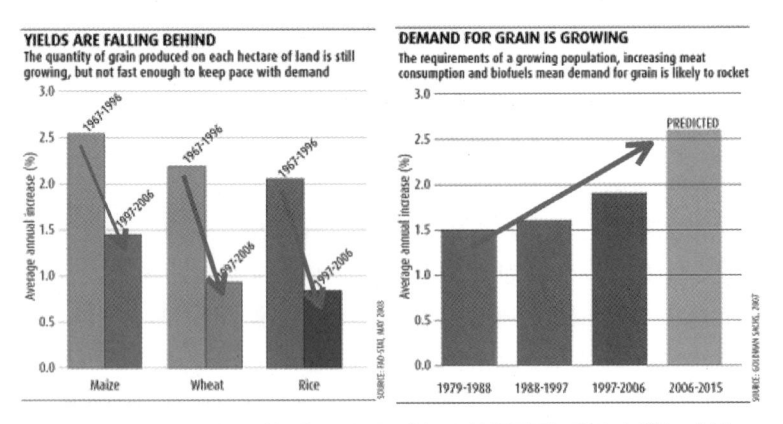

図4.3　穀物の生産性増加率の低下（左）と穀類需要の確実な増加（右）

ウモロコシのエタノールへの転用，あるいは投機的な資金の大量流入等いろいろなことが挙げられたが，根底には，穀類の需要増加に生産が追いついていないという極めて単純な，しかし，根本的な理由がある．

3．100億人を養えるか？

人口増加は確実に続き，今後の見通しは良くない．世界の人口は2050年には90億人を越え，最終的には100億人くらいでプラトーに達するのではないかと予測されている．マルサスが心配した幾何級数的な増加ではないが，100億人近くまでは増加するわけなので，われわれ作物科学者に対する課題というのは，「100億人を養うための食糧生産」ができるかどうかである．

今後の人口，そして穀類需要増加に追いつくためには，作物の生産性を毎年2％に伸ばしていく必要がある．これができないと人類社会は破局的な局面に入る．この世界中での年2％の生産性増加というのは，人類史上1回だけあった．緑の革命の時である．今後，われわれが成し遂げなければいけないことは，「第2の緑の革命」といわれるくらいの世界的な食糧生産性の増加である．

4．なぜ収量増加が鈍化したか？

単位面積当たりの収量が鈍ってしまった理由は何なのか．これは6つに大きく分けることができる．それぞれについて例を示す．

まず，1つ目が，緑の革命等の革新的技術の利用がいきわたってしまったことである．緑の革命を成し遂げた農業技術（収量が高い品種とそれに合った栽培技術がセットになったもの）が上手く普及された地域では収量は増加した．この革新的な技術が広がっている期間中は世界レベルでの単位面積あたりの収量は統計的に上がる．しかしながら，この新技術がすべて行き渡った時点では（つまり普及が完了した時点），これを乗り越える別の新しい技術が出てこない限り，単収は上がらない．それを端的に示したのが，アジア地域におけるイネの収量性の増加である（図4.4）．図左側の上部に示されているのが，中国の3つの地域におけるイネの収量である．1970年，つまり緑の革

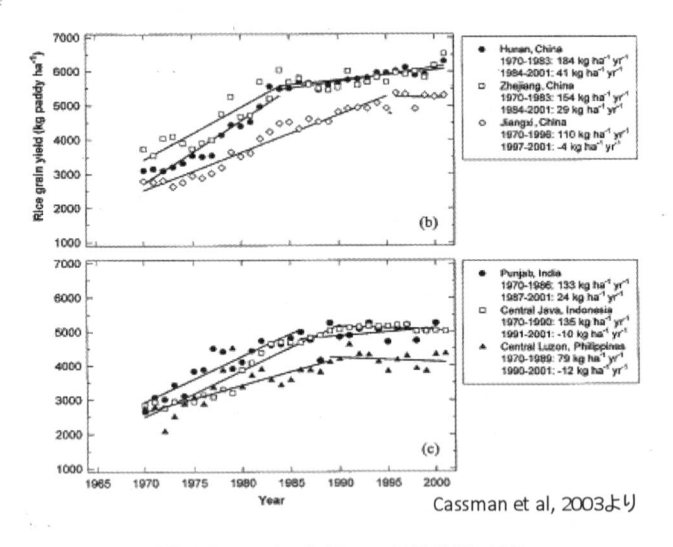

図4.4 アジア各国での収量停滞（稲）

命のころから，この新技術が稲作栽培地帯に浸透することより収量というのを上げてきた．ところが，この3つの地域とも，ある時期（多くの場合には80年代後半，あるいは90年代前半）になると，そこで収量増加が停滞した．図の下部ではインドのパンジャブ地方，インドネシアのジャバラ地域，フィリピンのルソン島での収量変化が示されている．これら3つの国でも中国と同じように70年代から徐々にと上がってきたが，ある程度にくると，時期的には大体80年代の後半，あるいは90年代の前半，収量として4～5トンのところで収量増加が停滞してしまう．このように各地で収量性増加が鈍ると，世界的に見れば単収はあまり上がってないことになる．

2つ目は「作物の収量ポテンシャルが伸びていない」ことである．収量ポテンシャルとは，最良の環境で栽培した場合に単位面積あたりでどのくらいの最高収量がえられるかということである．これを世界的に見ると，アメリカのトウモロコシと大豆を除くと，収量ポテンシャルが伸びている作物，あるいは地域はみつからない．日本も例外ではない．図4.5は日本のイネの収量を1880年（明治13年）よりの統計を示したものである．農林水産省が初めて農事試験場を設立した頃からのイネの収量の変化である．当時，日本のイ

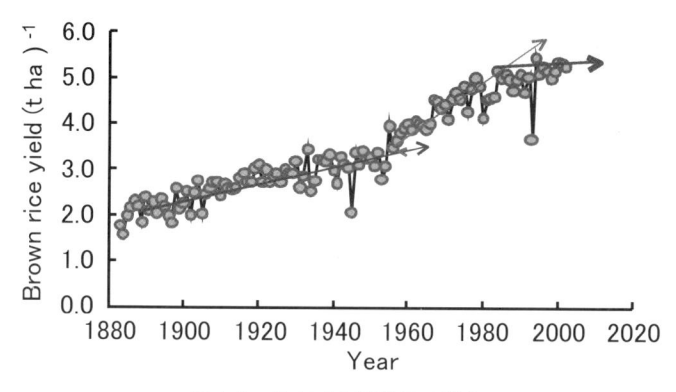

図 4.5　日本での稲収量の変化

ネの収量というのは，1ヘクタール当たり全国平均で大体2トンであった．その後，研究の成果があって徐々に増加していき，およそ60年の間に単収が2倍になった．ひとつの作物で収量を2倍に上げるのは，大きな成果である．戦後は安価な化学肥料が使えるようになり，その後も収量が着実に伸びたが，1980年代に入ると，5トンを超えたあたりで停滞するようになった．現在，どのくらい収量が得られているかというと，2008年は5.4トン，2009年も大体5.2トンと，1980年（昭和55年）と同じくらいの収量しか得られていない．つまり収量ポテンシャルが上がっていないということである．

　3つ目は生産資源の問題である．資源ベースが劣化している．農業というのは資源を元にした産業であるので，その資源が枯渇する，あるいは質が悪くなれば，そこで高収量を維持することはかなり難しくなる．例えば，水資源が枯渇している，あるいは灌漑用の水の値段が高くなっているという事態がある．最大の問題点は土壌肥沃度の低下である．その一番の良い例は，インドのガンジス川流域である．この地域というのは緑の革命の成功を最初に成し遂げた地域で，その1960年（緑の革命以前）の収量は1.5〜2トンだったものが，1990年（平成2年），大体5トンほどまでに上がったが，その後はほとんど伸びず，地域によっては収量が低下している．

　4つ目は天水農業地帯での作物生産である．緑の革命の技術は，灌漑ができるような環境の良い農業地帯で利用されその作物の収量が伸びた．しかし

ながら，畑作地帯あるいは天水農業地帯には「緑の革命」の技術が普及しなかった．その典型的な例がアフリカで図4.6は中国，南アジアそしてアフリカの3地域での3つの穀類（コムギ・トウモロコシ・イネ）の単位面積当たりの収量の変化を過去50年間示したものである．ここでも分かるように，アフリカでの作物収量というのは過去半世紀ほとんど伸びていない．一方，人口は2.5倍に増えている．

　5つ目が，アフリカ等の開発途上国では「収量ギャップ」が大きいということである．収量ギャップとは，研究所で得られる収量と同じような自然環境を持つ近辺の一般農家で得られている実際の収量との差をもって表現する．アフリカでは大きな収量ギャップがある．その主な理由は，新しい技術が農家に伝わっていない，利用されていないという点につきる．図4.7はアフリカの主食であるトウモロコシを人口当たり世界で一番消費しているマラウイという国で撮った写真である．この農民の前方にあるトウモロコシはこの農家が普通につくっている品種と栽培技術でつくり，その後方（左側）では，同じ農家の畑の半分を借りて技術者が持っている品種と栽培技術でつくった結果である．つまり同じ農家の畑で栽培技術の違いによりどれだけ差が出るかを調べたものである．図4.7の右側は国レベルでの統計的なデータを示しているが，このマラウイでは，一般的な農家の収量は1.5トンという低い収量である．ところが同じ農地でも，技術者が栽培した畑からは収量5トンを得て

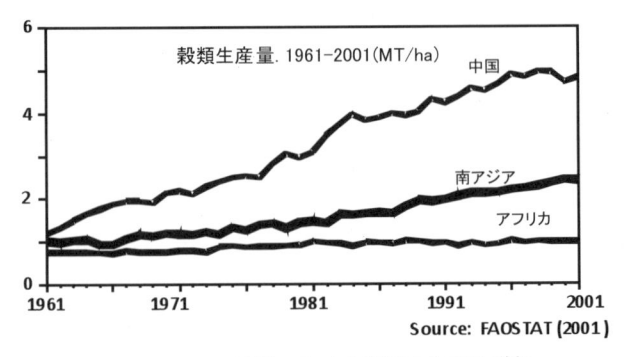

図4.6　3つの地域における穀類の生産性増加

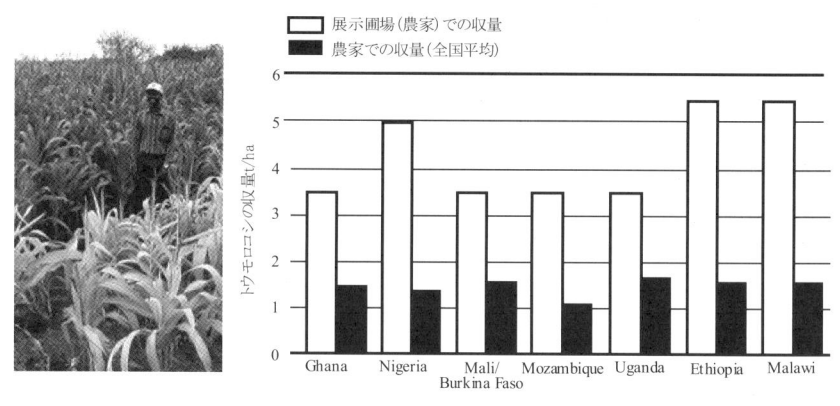

図4.7 トウモロコシの収量比較

いる．この収量ギャップをなくす，つまり，一般農家が研究者と同じくらいの収量を上げれば，アフリカの食糧のほとんどは自給できるようになる．ちなみに，日本の様な先進国では収量ギャップはあまりない．農家の栽培技術はとても高く，研究所での収量よりも多く達成する農家があるくらいである．

　6つ目は気候変動（地球温暖化）による異常気象等での不作である．異常気象は，以前は滅多に起きず，だからこそ異常気象という言葉があったのだが，最近では，そのような異常気象が世界各地で頻繁に起きている．その良い例が農業大国のオーストラリアが2年間の大干ばつのためにコムギ生産が大打撃を受けたことである．そのときの作物指数は40前後であった．日本での異常気象による農業被害で思い出されるのは1993年の冷害である．これは「平成のコメ騒動」といわれるほど社会的にインパクトの強い不作だったが，そのときの作況指数が74であった．それと比べて分かるように，小麦栽培大国のオーストラリアで作物指数40が2回続いたという事は世界的なインパクトをもたらした．そして，昨年は逆に洪水でまた不作であった．このように農業の気象環境条件は悪くなっている．

5. 食糧増産の可能性

では今後，増産は可能だろうか？これがうまくいかないと人類社会は非常に大変な事態を迎える．理論上は6つの可能性が考えられる（図4.8）．1つ目が耕地面積を拡大することである．しかし，世界的な総耕地面積の増加は難しいと予測されている．ブラジルのセラード地域等では耕地拡大が期待されるが，中国等で現在の農地が住宅や工場等に転用される地域も多くあり，世界的に見ると耕作面積の増減はないとされている．また，現在耕地でないところを無理に耕作地化すると環境悪化を促進することにもなり，持続的農業の観点から無理がある．

2つ目は生産性の増加である．これが特に作物分野での一番の課題で，現在1％前後に低下している単位面積当たり収量性増加を，もう一度，年2％まで引き上げる必要がある．

3つ目が農業の集約化．耕地利用率を高める方法で，端的にいうとひとつの畑で年に複数回の作物栽培を行う事で例えば夏に稲を作り，冬の間に小麦栽培を行う，そうすると耕地利用率は200％となる．例えば稲で5トン，麦で3トンの収量を上げれば，年間では8トンの穀物を生産したことになり，限ら

	方策	展望
1	耕地拡大	世界レベルでの拡大は見込めない 不良環境下の栽培は環境劣化に拍車
2	単収増加	現在の年率1％増を2％以上に上げる必要がある 栄養価、付加価値を高める
3	集約化	耕作率向上；不耕起栽培、生育期間短縮
4	生産性の低い作物を置き換える	可能だが多様性の減少を伴う
5	収穫ロス減・生産物の利用効率	作ったものを使い切る；食品利用、バイオマス
6	穀類の飼料利用を減らす	社会変化を伴う；植物体を飼料として利用；新規の飼料源開発；

図4.8　食糧増産への6つの可能性

れた土地での穀類の総生産をあげることができる．この耕地利用率は日本だけでなく世界的に低くなっており，今後はもっと増やす必要がある．

4つ目は生産性の低い作物を生産性が高い作物で置き換える方法である．例えば生産性が低い伝統的な作物である，ミレット，ソルガムという作物を栽培するのを止めてしまって，生産性の高いトウモロコシへ転換するような，これまでアフリカ等でなされてきた方法である．しかし，そういう転換は作物の多様性を減少させ，生態的安定性のことを考えると危険を伴う．

5つ目は，収穫物のロスを少なくする，あるいは収穫物の価値を高めていく方法である．

6つ目が，家畜の飼料をどうするかということである．人間が食べる食物は，やはり人間が食べ，飼料には食糧以外ものを使うべきである．これには，社会的な意識の変革も必要である．肉食化に進むのは理解できるが，一人当たりの肉消費量増加をある程度のところで意識的に制御する，そのような社会的な意識の変革も必要である．さらに新規の飼料源を開発していく必要がある．

6．第2の緑の革命へ

今後，第2の緑の革命が必要であると述べたが，1回目の緑の革命とどう違うのか（図4.9）．1回目の緑の革命は，多収性品種と，それを生かす栽培技術がセットになって，これが世界中に普及することで成し遂げられた．分かりやすい技術のセットであった．しかし，今後は持続的に収量を増加させることと，資源の利用効率を高めていくことの両方を同時に行わなければならない．そのような観点からみると対象とする地域も違ってくる．まず，1番目にやらなければいけないのは，アフリカの天水農業地帯で収量性を上げることである．既に述べたように，アフリカでは過去半世紀，収量がほとんど伸びていない．これをどう解決するかが最大の課題である．

2番目が持続的農業という観点でみていくことで，特に南アジアが主な戦場となる．この南アジアでは，緑の革命の恩恵を受けて収量が一度は伸びたが，その後，収量は頭打ち，あるいは下がりつつある．そこを何とかして収

```
・天水畑作地域（アフリカ等）
   - 収量減少要因解明；旱魃抵抗性；
     節水栽培；肥料；品種
・持続的農業（南アジア等）
   - 収量制限要因の解明；さらなる集約化
・気候変動対応
   - 生産安定化；環境ストレス耐性
・緑経済・社会への移行
   - バイオマス利用；飼料源；食生活
・食料の質と安全性
・農業の収益性
   - 生産性の更なる向上；低資源消費型農業
     （不耕起栽培等）；ポストハーベスト
```
地域に合った改善の積み重ね（虹色革命）

図4.9 「第2の緑の革命」：持続的収量増加・資源利用効率

量をもう一度上げていく努力が必要になる．この地域は現在でも貧困者数が一番多い地域である．

3番目は気候変動への対応である．農業の中で一番やっかいなのが生産上のリスクで，そのリスクを最大限に避けるのが農業の基本である．今後の農業での最大のリスクは気候変動に伴う異常気象，天候不順である．

4番目は緑社会への移行である．これからの世界は緑経済・社会へと移行していく．その中では植物の積極的な利用が図られる．例えば，バイオマスを利用してバイオエタノールを作り，低炭素社会をつくることへ貢献することが期待される．

5番目は質と栄養価・安全性の問題である．1回目の緑の革命のときには生産量を上げるだけが目的であった．たくさん食べ物をつくることによって餓死者を減らす目的であったが，今後は，量だけではなく，質・安全性も確保していく必要がある．

6番目は農業の収益性の問題点である．農業というのは産業なので儲からないとやっていけない．収益性が上がるような農業を考えていく必要がある．

最後になるが，図4.9に示してあるように，これからの緑の革命は，ひとつの技術を世界中に広げることではなく，それぞれの地域に合った技術改善をすることが必要である．そのような改善の積み重ねによって初めて世界全体での2％の生産性の増加が持続的に可能になるであろう．そのような意味では，緑の革命という「緑」ひとつの色ではなく，今後は「虹色」革命と表現

```
・栽培・生理                  ・育種・遺伝
   - 光合成・植物生産性        - 収量ポテンシャル向上
   - 窒素・リンの効率化        - ストレス耐性
   - 土壌肥沃土維持            - 資源利用効率
   - 土壌生態系の理解          - 栽培法にあった品種
   - 総合的病害虫対策
   - 水利用効率
   - 雑草管理
   - 省力化栽培・不耕起・直播
   - 気候変動対応
```

図 4.10 「第 2 の緑の革命」を可能にする作物科学の課題

できるような,それぞれの地域の色をいかした,そのような技術革新にしていくべきである.

7. 作物科学の挑戦

最後になるが,作物科学は何をなすべきかを述べる.図 4.10 の左側には栽培生理学の分野でどのような研究課題があるのか,右側には,遺伝育種の分野でどのような研究課題があるのかを示している.このような研究課題に関して,われわれは研究を邁進していく必要がある.しかしながら,私がひとつ強調したいのは,ただこれまで通りの研究を深化させるだけではなく,研究の捉え方,アプローチの仕方を変えていく必要がある点である.それは,連携と総合化である.例えば,私の専門分野である遺伝学と育種を例にすると,現状では遺伝学と育種の現場は離れ,遺伝学での研究の進展は残念ながら育種の現場に活かされてはいない.これでは第 2 の緑の革命,虹色革命は期待できない.植物生理学と作物栽培学,これも同じような状況で,植物生理学の分野ではたくさんの研究成果が論文として発表されているが,それがどれだけ作物栽培に結び付いているかは非常に疑問である.

3 番目に,遺伝育種の分野と栽培生理の分野の統合である.これを学会でいうと,日本育種学会と作物学会との連携である.具体的には遺伝学,育種学,作物栽培学,生理学の専門家が一緒に同じ畑で作物栽培の研究を行って

いくような場面をつくっていかないと役に立つ実学としての農学は成り立っていかないと思う．

　4番目．細胞レベルでの理解はかなり進んできた．しかし，今後，われわれがやらなければいけないのは，細胞レベルの理解を個体レベルに還元していくことである．そしてその個体は温室に育っている「植物体」ではなく，畑で育っている「作物」である．

　5番目に，作物を農業体系の中で考えていく必要がある．農業はその体系のなかで営まれているので，ひとつの作物だけでなく幅広い観点が必要である．

　最後になるが，日本と世界との関係である．世界の平和なくして日本の平和はなく，「世界の中の日本」という視点を忘れてはならない．世界の食糧安保なくして自給率40％の日本での食糧安保もない．日本はいろいろな農業技術を持っている．これを日本国内で使うだけではなく，世界に向かっても使っていくべきである．そうすることによって，日本の農学研究が日本だけでなく世界に貢献し，それがまた日本の食糧安保へと還元されると確信する．

第5章
畜産物の安定供給をめざした技術開発の動向

寺田 文典
（独）農業・食品産業技術総合研究機構畜産草地研究所

はじめに

　わが国の家畜にかかわる歴史は縄文・弥生時代に遡るものの（加茂義一，1976），農業の基幹産業としての畜産業の発展は戦後の農業基本法に基づく農政の展開を待つこととなる．明治以降になって近代畜産業の導入が進められたが，その飼養規模は極めて零細であり，あくまで耕種部門を補完するものとしての産業にとどまっていた．戦後，日本経済の発展の中で畜産業もまたグローバルな展開が進み，輸入飼料に依存した加工型畜産として大いに発展を見た．その結果，戦後の食生活の急激な変化に対応することを可能とし，今では畜産物は国民の食生活において基礎的な栄養素の供給という意味だけにとどまらず，食文化の面においても欠くべからざる位置を占めるにいたっている．しかしながら，海外からの安価な飼料資源に依存した畜産物生産構造は，食料の安定的な供給と畜産経営の持続性という観点から多くの問題があることが従来から指摘されており，平成18年に始まった穀物価格高騰の波がわが国の畜産業に及ぼした影響の大きさがこのことを端的に表している．世界の食糧需給状況やエネルギー問題，環境問題の深刻化，複雑化をうけて，今後の国際的な飼料需給は依然厳しい状況にあり，わが国の畜産経営においては，自給飼料基盤あるいは資源循環利用体系に立脚した持続的な畜産物生産を可能とする安定的な経営体系に転換することが喫緊の課題となっている．

本章では，わが国における畜産物生産の現状と，関連研究機関において進められている安定的な畜産物供給のための技術開発の動向について，以下の項目に分けて紹介する．

○畜産物の供給状況と飼料自給率の推移
○畜産物の安定供給に向けた技術開発動向
　（1）飼料の増産
　（2）国内飼料資源の開発・活用
　（3）飼料利用効率の改善と環境対策の充実
　（4）高付加価値化 – 国産畜産物の消費拡大をめざして –
○今後の畜産研究に期待されるものは

1．畜産物の供給状況と飼料自給率の推移

国民1人当たりの畜産物の年間供給量は，昭和35年の32kgから平成17年には135kgへと大きく増加している（図5.1）．これをタンパク質供給量としてみても，1日1人当たり6.8gから27.9gへと大幅に増加している．平成19年における総タンパク質供給量を食糧需給表から見ると，1人1日当たり82.3gであり，その内訳は植物性タンパク質36.5g，動物性タンパク質45.9gと報告されており，動物性タンパク質は水産物と畜産物よりなるが，畜産物の割合はその61％とかなり大きな比率を占めている．一方，厚生労働省によって示

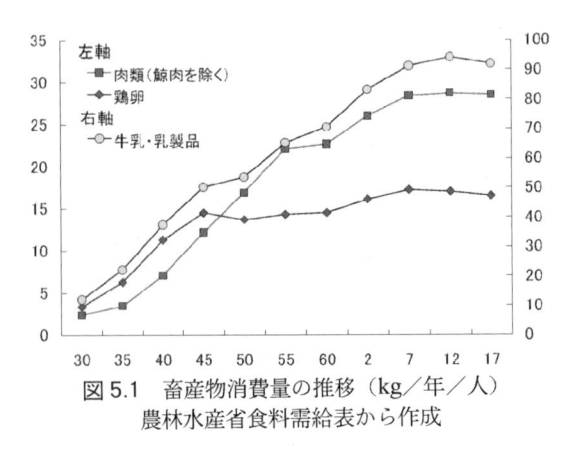

図5.1　畜産物消費量の推移（kg／年／人）
農林水産省食料需給表から作成

されているタンパク質摂取推奨量（2009）では，成人男女でそれぞれ60g，50gであり，これらの数値と比較すると現在の日本におけるタンパク質の供給は十分量がなされているものと判断できる．しかし，植物性タンパク質にしろ，動物性タンパク質にしろ，海外に依存している割合が非常に高いことを考えると，国内での安定的なタンパク質の生産・供給体系を確立することは国民の食生活を守る上でも重要なことである．

たとえば，畜産物の自給率を重量ベースで見ると，牛乳・乳製品は66％，肉類56％，鶏卵96％となっており，他の農業関係品目に比べて全く遜色のない数値である（農林水産省，2009）．しかし，畜産物生産に必要な飼料の供給状況をエネルギーベースで見ると，飼料全体で25％，牧草や飼料作物などの粗飼料でも75％，トウモロコシや大豆粕などの濃厚飼料に至ってはわずか10％に過ぎない状況であり，飼料輸入状況を加味した供給熱量ベースの畜産物自給率は16％にすぎないことになる（図5.2）．

したがって，国民の食生活を守るうえでも，今後の畜産業の安定的な展開は必須であり，そのためにも飼料自給率の向上をはかることが重要である．

農林水産省では，平成27年度の目標として飼料自給率35％を掲げ，これを達成するため粗飼料自給率は100％，濃厚飼料自給率は14％の達成をめざす方針としている．そのための具体的な方策としては，国産飼料の生産・利用

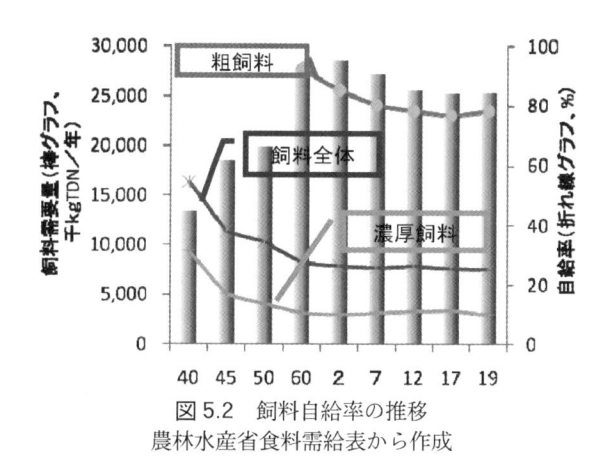

図5.2　飼料自給率の推移
農林水産省食料需給表から作成

拡大のために，稲発酵粗飼料・飼料米の利用拡大や放牧の普及により水田や耕作放棄地の活用を図ることや，牧草や飼料作物の作付面積の拡大と収量の増加，エコフィード（食品残さを原料とするリサイクル飼料）などの未利用・低利用資源の利用増進，さらに，コントラクターやTMRセンターの育成などが掲げられ，研究・開発そして普及に関係機関が一体となって取り組むこととされている．

2．畜産物の安定供給に向けた技術開発動向

(1) 飼料の増産

1) 水田への展開

水田における牧草・飼料作栽培は従来から取り組まれ，昭和57年には17万haまで増加したが，その後，徐々に減少し，最近では10万ha程度にとどまっていた．水田の活用が進まなかった背景には，面積規模や転作作物の種類，耕種農家における栽培調製技術，湿害，供給利用体制等々，様々な問題があったものと思われる．しかし，イネそのものを飼料として利用することができれば，水田の飼料利用面積は飛躍的に拡大するものと期待される．

畜産サイドにおいて飼料用のイネを利用する方策は，玄米あるいは籾米として給与するやり方と，黄熟期にこれを収穫し，植物体全体をサイレージとして利用するものがある．前者については，過剰米の活用として生産調整との関連において取り組まれた経緯があるが，あくまで過剰米対策に過ぎず，積極的な飼料としての活用方策とはなっていなかった．後者についても，昭和50年代から水田活用策として取り組まれてきた経緯はあるものの実用化には至らなかった．

しかし，収穫機械化体系（図5.3）の整備と高度なサイレージ調製技術の開発によって，植物体全体の利用に関してはイネのサイレージである「稲発酵粗飼料」としての利用が進み，近年では大きく栽培面積を増加させるに至っている．サイレージ貯蔵は一般的な飼料化技術ではあるが，イネの場合，密封が難しいうえ，サイレージ発酵に必要な水溶性炭水化物や付着乳酸菌が少ないなど，高品質サイレージの調製が難しい状況があった．しかし，収穫し

たイネをロールベールとし，新たに開発された乳酸菌製剤（畜草1号）を活用することによって，良質な飼料イネの発酵調製技術が確立されたのである（Cai et al., 2003）．

さらに，肉用牛に対するその給与によって良質の牛肉生産が可能であること，ビタミンEに富む飼料イネ

図5.3　飼料イネ自走式収穫機
山形大学吉田宣夫教授提供

サイレージを活用すれば牛肉の冷蔵貯蔵中の脂質の酸化や肉色の劣化が防止できることなどが示されている．乳牛に対しても泌乳ステージごとの給与基準が示され，適期に刈り取り調製された良好な品質のものであれば，飼料中30％まで利用可能であるとされている．これらの成果は，いずれの研究も公的研究機関が共同で多頭数の乳牛，肉用牛を供試して飼料イネの有効性の評価・実証に取り組んだ成果であり，このような実証的な研究の展開が大いに普及を推進したものと考えている．

また，全国での飼料イネ利用が可能となるようにそれぞれの地域に適した飼料イネ専用品種が開発され（図5.4），総収量が非常に多いものや従来のイネのイメージと異なる茎葉に富むものも作出されるなど，利用場面に応じた多様な活用を可能とする品種が揃うに至っている．これらの技術は水田利用ということでさらに二期作，二毛作技術への展開が検討されており，水田の飼料作利用面積の飛躍的な増加に繋がるものと期待したい．

稲わらは従来から重要な飼料資源として利用されてきたが，水田から家畜の口まで運ぶ低コストで効率的な手段がなかったために飼料仕向けがなかなか進まなかった．稲発酵粗飼料用に開発された前述の機械化収穫・調製技術は，稲わらの飼料利用を阻害してきた長年の壁を打ち破り，新たな稲わら流通形態の開発につながるものと期待される．

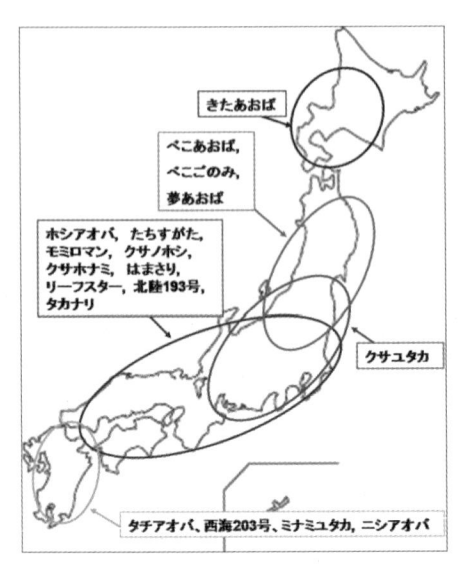

図5.4 全国での作付けを可能とする多様な飼料イネ品種の開発
農研機構作物研究所加藤浩氏提供

なお，飼料イネの粗飼料利用に関する研究成果は「稲発酵粗飼料生産・給与技術マニュアル」として全国飼料増産行動会議・日本草地畜産種子協会から公表され，最新技術情報が掲載されている．

籾，玄米の飼料利用については，従来，過剰米，在庫米の利用という視点からの取り組みが行われていたが，近年，発想を転換して積極的に飼料米としてこれを利活用することが試みられている．飼料米専用品種の育種と資源循環を念頭に置いた低コスト栽培システムの開発が進められ，さらには飼料米給与により生産された畜産物の高品質・高付加価値化が図られ，それらの成果に基づき各地での特徴ある畜産物の商品化に結びついている．一つの事例として，平成18-20年度に農林水産省「新たな農林水産政策を推進する実用技術開発事業」によって取り組まれた「多収飼料米品種を活用した高品質豚肉生産システムの確立」（畜産草地研究所，2009）の概念図を図5.5に示す．養豚経営，養鶏経営は輸入飼料に依存した加工型畜産の典型とされてきたが，水田活用をキーワードとして，地域循環を基盤とする畜産物生産体系にシフトすることを図り，食の安全保障の向上と地域環境の保護・保全に役立つことは大変意義深いことだと考えている．今後，飼料米の利用にあたっては生産コストの大幅低減や飼料としての貯蔵・流通方式の整備が必要であるが，コメは国内で安定的な供給が可能な濃厚飼料であり，農業・農村の多様化を背景としてその飼料利用の重要性はますます増加するものと思われる．

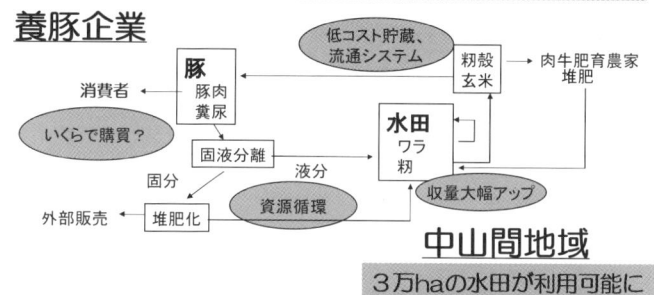

図 5.5 農林水産省新たな農林水産政策を推進する実用技術開発事業「多収飼料米品種を活用した高品質豚肉生産システムの確立」の概念図

2) 牧草，飼料作物の収量向上

　飼料作の作付面積と収量の拡大に資する技術として，トウモロコシの省力的収穫調製技術の開発や新品種の開発が進められている．トウモロコシは栄養価が高く嗜好性に優れる飼料作物として 13 万 ha にまで作付けが拡大したが，多労であることや牧草収穫体系とは別の機械装備が必要であることなどから，作付面積が減少しつつあった．それらの問題のブレイクスルーとして，ロールベール・ラップサイレージによるトウモロコシの省力的な機械化作業体系が細断型ロールベーラ（図5.6）の開発により実現した（志藤・山名，2003）．このシステムでは，少人数でのトウモロコシのサイレージ調製が可能であり，サイロなどの大型施設も不要となるので，府県を中心とした中規模酪農家での利用が期待される．現在，細断型ロールベールシステムの広範な利用を図るため，機械の大型化，汎用化も進められている．さらに，耐冷性に富む新品種や二期作向けの新品種などが次々に開発されており，近年では作付面積も増加に転じるに至っている．

　水田転作作物としての活用が検討されている飼料作物に共通する問題として耐湿性の改善があげられる．トウモロコシを転作田で作付けていくために

図 5.6 細断型ロールベーラによる収穫作業
生物系特定産業技術研究支援センター道宗直昭氏提供

も，この点の改善は重要であり，耐湿性に優れる近縁種のテオシントの関連遺伝子を導入し，トウモロコシの耐湿性を高めることが試みられている．これはテオシントの持つ湛水状態でも酸素を取り込むため地表面まで根を伸ばすこと（不定根）ができる能力や低酸素状態の根系への酸素の通気組織を充実させる遺伝子を導入して，耐湿性に優れるトウモロコシの新品種を開発しようとするものであり，有望な系統の作出が期待されている．

わが国の牧草の品種開発では，公的機関としては農研機構と公立研究機関が協力して組んでおり，品種，育成目標を調整しながら，効果的で，迅速な品種開発を目指している．主な育種対象作物には，飼料作物類ではトウモロコシ，ソルガム，牧草類ではアルファルファをはじめとするマメ科やイネ科ではイタリアンライグラス，オーチャードグラス，チモシー，ペレニアルライグラスなどの採草用，放牧用あるいは兼用利用の寒地型牧草，ギニアグラス，ローズグラス，バヒアグラスなどの暖地型牧草，さらに，不良な土壌条件でもよく生育し草地における永続性を示すフェスク類と嗜好性に優れるライグラス類の属間雑種であるフェストロリウムの育成などが進められている．

栽培技術に関しても軽労化や大規模化への対応の観点から部分耕，不耕起耕栽培技術の導入が模索され，東北地方の黒ボク土壌でのサイレージ用トウモロコシの不耕起栽培による収量性調査や，イタリアンライグラス・トウモ

ロコシ輪作体系での簡易耕作業体系の有効性の検証などの実証的研究が行われており，その他の二毛作体系への応用も期待されている．今後は，部分耕や不耕起耕栽培が生態系の保全に及ぼす効果や有機畜産の推進，温室効果ガスの吸収・発生抑制効果の解明などの観点からも検討を進めることが望まれる．

2）耕作放棄地等への放牧の展開

放牧のイメージは大面積を要する粗放な飼養管理方式といったものであったが，集約的な草地利用技術（集約放牧）や耕作放棄地などを活用した小規模な放牧など，新しい放牧技術が展開しつつある．特に水田や耕作放棄地などの小面積の土地を電気牧柵で囲い，小頭数の牛をそういった場所を異動させながら放牧する小規模異動放牧（図5.7）の普及は，飼料価格の高騰対策としての意義も大きいが，それと同時に荒廃した農地の回復を通じて地域の振興や国土保全に役立つものとしての放牧の意義が再評価されたものと受け止めている．また，小規模移動放牧により繁殖雌牛の飼養頭数が増加し，肥育素牛の安定供給に繋がれば，肉用牛産業全体の持続性を高めることにもなる．文字通り，多面的な効果が期待される．これらの技術普及に資するべく，小規模移動放牧マニュアル(2006)が畜産草地研究所から公表されている．

放牧飼養形態を採用した酪農経営も増加しつつある．能力の高い乳牛飼養には穀類を主体とする濃厚飼料の利用は必須ではあるが，たとえ1頭当たりの乳量水準が低くなっても，飼料費を安く抑え，省力的な管理と乳牛群の健

図5.7　小規模移動放牧

全性の増進が実現できるならば，土地利用型畜産として持続性の高い経営の展開が可能となる．ただし，乳牛1頭当たりの土地面積が小さい都府県においては，土地資源が豊富な北海道と異なり全面的な放牧の実施は難しく，家畜の健全性増進や生乳のプレミアム化などの放牧効果が期待できる実施規模の明確化とその実証が当面の目標となろう．

放牧という飼養形態によって，家畜の健全性と環境の保全を図ることは生態系の多様性を維持する観点からも重要であり，「環境農業」としての畜産業のあたらしい展開を切り開くことが期待される．

3）コントラクター，TMRセンターの普及

効率化が求められる畜産経営では，従来，大規模化によって収益性の確保を目指してきた．酪農経営を例に取ると図5.8の通りであり，1頭当たりの泌乳能力の向上と飼養頭数の増加によって生産量の拡大を図り収益性を確保してきた．しかし，現在の飼養規模は家族経営としては労力的にほぼ限界に達しているものと判断され，加えて飼養技術の高度化が著しく，そのため分業化あるいは協業化が指向されている．飼料栽培・収穫・調製作業などを請け負うコントラクターや栄養バランスの整った飼料を大量に調製し，配送するTMRセンターの近年の普及はその結果の端的な例であり，それらによって労力の軽減だけでなく生産技術の平準化，草地の集約による自給飼料の利用性向上なども期待できる．さらに，TMRシステムは地域の農産副産物や食

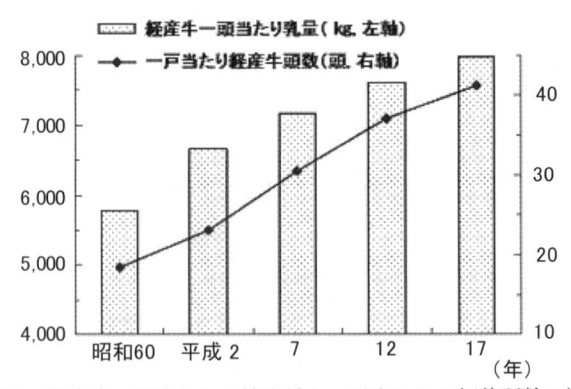

図5.8 経産牛一頭当たりの搾乳量と一戸当たりの飼養頭数の推移

品副産物の利用を可能とするものであり，飼料品質の確保と生産コストの低減に寄与するものと評価できる．図5.9にはTMRセンター，コントラクターを核とした耕畜連携による土地利用型畜産のイメージを，図5.10には今後展開が予想される各種のTMRセンターの類型を示している．地域資源を有効に活用してこそ持続的な経営の展開が可能になるのであり，地域の振興にも寄与しうるのである．

(2) 国内飼料資源の開発・活用

国内飼料資源として食品残さの飼料利用に関する研究と普及の取り組みが進められている．わが国の食品産業に由来する食品廃棄物発生量は年間約11百万トンといわれており，食品リサイクル法により再生利用の推進が義務づけられている．平成19年度のそれらの再生利用率は60％で，リサイクルの方式としては飼料化の割合が堆肥化とほぼ並ぶ35％に達している（農林水産省「食品循環資源の再生利用等実態調査結果の概要（平成19年度結果）」）．

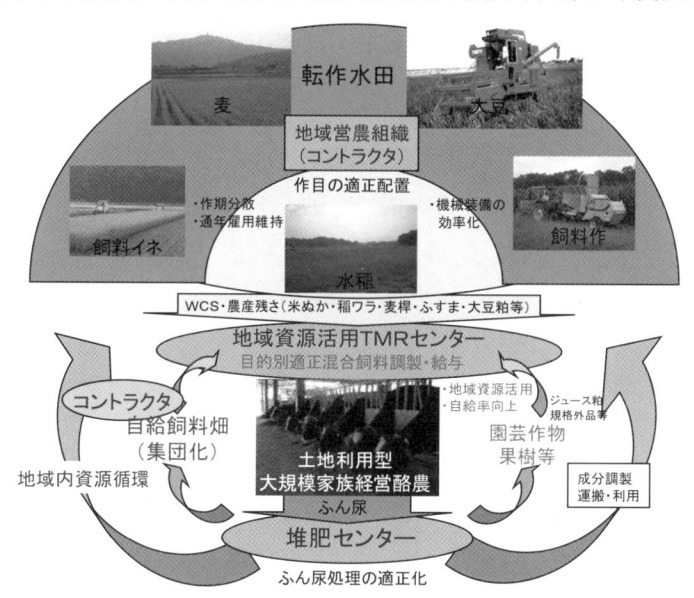

図5.9 耕畜連携による土地利用型畜産を基軸とする新たな地域生産システムの構築
農研機構九州沖縄農業研究センター山田明央氏作成

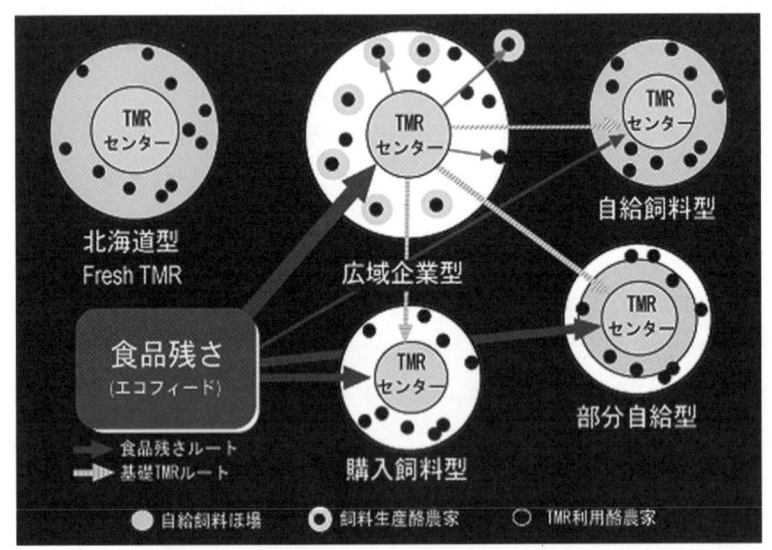

図 5.10　TMR センターの類型と食品残さ利用
（山形大学吉田宣夫教授作成）

　しかし，この結果を部門別に見ると，食品製造業部門に比べて食品小売業部門や外食産業部門からの残さの飼料利用率はまだ低く，これらの部門における飼料化仕向けリサイクル率改善に結びつく技術の開発が待たれている．食品残さは多種多様であり，成分的な偏りの大きいものや水分含量が高く保存性に問題があるものが多いなど，飼料として利用しにくい点が多々あることは否めない．しかし，それらの特性を把握して適切に飼料利用をはかればコスト低減に結びつくものといえる．

　食品残さの飼料化に際して，その利用性，保存性を高めるために，従来，乾燥，サイレージ化などが行われてきており，原物のままダイレクトにこれが利用されることはあまりない．乾燥処理により使い勝手がよくなり，広域での流通が可能となるが，一方で乾燥に伴う追加のコストが求められることになる．サイレージ化は保存性を高める上でも有効な処理であるが，水分含量が高いことから牛用飼料への利用が主体となり，広域的な流通には不向きであることもあり地域内循環が基本となる．

最近，養豚業において，食品残さなどを含み成分的にバランスがとれた飼料を液体のまま発酵させ給餌する発酵リキッドフィーディングシステム（写真5.11）が開発された（川島，2003）．このシステムの導入にあたっては新規設備等の投資が必要となるが，多様な飼料資源を低コストが利用することができることにくわえて，抗菌性飼料添加物の使用量を削減し，温室効果ガスの発生量も抑制できる，環境に易しく，食の安全・安心を高める技術としても期待される．

なお，食品製造業部門から排出される製造副産物は，飼料としての成分特性には偏りがあっても，品質の安定したものが定期的に排出されるという利用上のメリットがあることから飼料利用が進んでおり，マニュアルの整備も行われている（関ら，2000）．

（3）飼料利用効率の改善と環境対策の充実

限られた飼料資源を有効に活用するためには，ムダのない飼養管理技術を開発することが必要である．そのためにはまず第1に飼料利用効率を高めることが重要であり産乳量や増体量の改善が基本となる．このことは，畜産物生産に伴う環境負荷物質の低減を図るうえでも同様に重要である．図5.12は1日当たりの増体量と1kg増体量当たりの窒素排泄量との関係を示したものである．増体量を高めることで，窒素排泄量（すなわち，環境負荷）が大き

図5.11 発酵リキッド飼料の調製・給餌
左：発酵リキッド飼料の調製システム，右：発酵リキッド飼料の給餌状況
畜産草地研究所川島知之氏提供

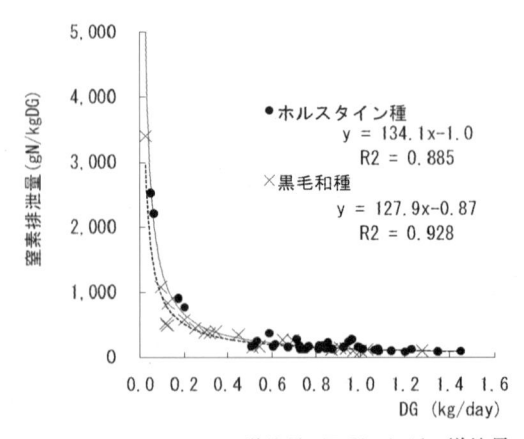

図5.12 1日当たりの増体量（DG）と1kg増体量当たりの窒素排泄量との関係
寺田ら（1998）

ホルスタイン種　$y = 134.1x^{-1.0}$　$R^2 = 0.885$
黒毛和種　$y = 127.9x^{-0.87}$　$R^2 = 0.928$

く低減できることが示されている．また，図5.13は1日当たりの乳生産量が25kg程度の乳牛において，窒素排泄量と給与飼料中の粗タンパク質（CP）水準との関係を検討した結果を示したものであるが，CP水準の上昇に伴って窒素排泄量が増加することが明確に示されている．すなわち，適正な粗タンパク質量を供給することによって生産性を損なうことなく，不要な排泄物の発生を抑制できるのである．家畜栄養管理技術の精密化は，飼料費や経営コストの低減とともに環境負荷の軽減を図る上でも大きな意義がある．

なお，家畜ふん尿処理などの環境対策のあり方は，経営コストの問題だけではなく，国土の環境を守るとともに畜産業に対する消費者の理解を得るうえでも大事なことであり，上述のように排泄量の低減を図ることに加えて，適正な処理が行われなければならない．そのため，堆肥化技術，汚水浄化技術の高度化，低コスト化が進められてきたが，今後は「処理」の視点よりもむしろ「利用」の視点を強化し，資源循環にもとづく畜産経営の展開に資する取り組みが進められるものと考えられる．そのような取り組みの事例として，吸引通気式堆肥化技術の開発（阿部ら，

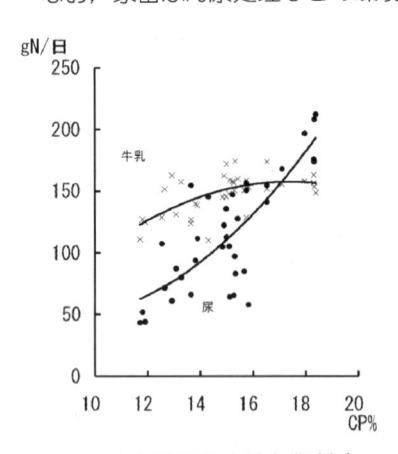

図5.13 窒素排泄量と給与飼料中の粗タンパク質（CP）水準との関係
寺田ら（1997）から作成

2003)や豚舎汚水からのリン酸マグネシウムアンモニウム（MAP）の低コスト回収技術の開発（鈴木，2007）などが挙げられる．

　効率的な家畜生産をめざすためには家畜の繁殖性を高めることも重要である．現在，乳牛の人工授精による初回受胎率は49％，肉牛が58％と近年大幅に低下している（家畜改良事業団）．受胎率が低下した原因は明確ではないが，乳牛については泌乳能力の向上とそれに対応した飼養管理技術の確立の遅れが原因の一つとなっているものといわれている．そのため，栄養充足がもっとも困難な分娩前後の時期の飼養管理技術の改善に関する研究が幅広く取り組まれており（寺田，2006），家畜育種の観点からも泌乳曲線の平準化を図ることにより，泌乳最盛期のストレスを軽減することが試みられている（Togashi and Lin, 2003）．さらに，疾病等による損耗を防ぐことは経済的な意義も大きく，薬剤に頼らず家畜自身の抗病性を高める飼養管理技術の開発はアニマルウェルフェアの観点からも今後ますます重要になるものと思われる．

（4）高付加価値化―国産畜産物の消費拡大をめざして―

　畜産物自給率と飼料自給率のギャップは輸入飼料と国内産飼料の価格差や利用上の簡便性，供給の安定性などを反映したものであり，この差を縮小するためには前述のように国内の飼料資源を拡大し，高品質飼料を安定的に生産し供給する努力がまず重要である．さらに，輸入畜産物と国内産畜産物の価格差を縮める，すなわち生産コストの低減を一層図る必要がある．また，消費者の理解を得て，国産畜産物の消費拡大を図る努力は今後とも欠かせない．安ければよいということではなく，畜産農家が収益を確保できる，いわば再生産が可能な価格で国内産畜産物の購入をお願いしたいのであり，このことは消費者の理解なくしてあり得ないことである．

　そのためにも，消費者のニーズに応えることが重要であるが，現在の消費者ニーズは多様化しており，生産サイドはそれらに対して必ずしも十分には対応できていないものと思われる．例えば，消費者の「おいしい肉」に対する需要は大きいものがあると思われ，牛肉に対しては脂肪の過剰，豚肉に対しては脂肪の不足への対応が課題となっている．そういったニーズに対応し

た畜産物を供給していくためには，まずそのための評価指標の確立が必要であり，ついで多様なニーズに応えることができる生産物の品質制御技術，生産技術へとつなげていかなければならない．

一例を紹介したい．現在，わが国での牛肉取引では脂肪交雑の度合いが取引価格に大きな影響を与えている．そのため，肥育期間が諸外国の肥育形態に比べてきわめて長い，特異な飼養形態となっている．肥育期間の長期化は飼料利用効率の低下を招き，生産物当たりの環境負荷物質の排出量の増加にもつながりかねない．そのため，脂肪交雑よりもヒトの健康に好ましいといわれている脂肪酸組成を重視した飼育方法を開発し，おいしいことに加えて環境負荷低減も同時に実現することを付加価値として消費者にアピールしようとする試みが，研究機関，民間企業，生産者による共同研究として始められている．

また，飼養管理情報を積極的にアピールしていく方法として，認証制度の活用も期待される．放牧管理された家畜に由来する畜産物を対象とした放牧認証制度が今年度からスタートしている．食品残さ利用を推進するためエコフィード認証も開始され，将来的にはエコフィード給与により生産された畜産物の認証に発展していくことが期待される．このような取り組みは消費者と生産者の距離を縮めるものとしても意義深いものと考えている．

3．今後の畜産研究に期待されるものは

畜産業の役割は，国民の健全な生活に必要な栄養素を安定的に供給することが基本であり，加えて地域の振興や国土の保全に寄与することの重要性がますます高まっている．一方で畜産業は温室効果ガスの排出やふん尿汚染などの環境問題の原因となることもある．したがって，環境負荷を低減する形での技術開発を進めるとともに，畜産業が果たしうる多面的な機能を明らかにするなど，その価値や意義を消費者，生活者にアピールしていくことが重要であると考える．

また，グローバル化の流れの中で，わが国の畜産業の将来的な位置づけを確認することも欠かせない．基本的な展開方向として国内飼料資源への依存

度を高めることはまず第1に重要であるが,わが国における畜産物の安定供給は海外からの安定的な飼料資源の輸入なくしてあり得ないこともまた事実であり,そのことに対する対応も怠ってはならない.研究開発は世界の穀物需給の緩和,安定構築への寄与を果しうるものであり,たとえば,アジアの畜産物需要の急増による不安定化を防ぐため,関連諸国に対する畜産技術普及の円滑化への配慮,協力なども重要となる.

　これからの畜産研究・技術開発はそれらの期待に応えることを念頭に置いて展開するものと考えている.

引用文献

阿部佳之・福重直輝・伊藤信雄・加茂幹男　2003．吸引通気式堆肥化処理技術の開発（1）―吸引通気式堆肥化の特徴―農業施設　33：255-261．

Cai Y., Fujita Y., Murai M., Ogawa M., Yoshida N. 2003 Application of lactic acid bacteria （Lactobacillus plantarum Chikuso-1）for silage preparation. Grassland Science 49：477-185.

畜産草地研究所　2006．小規模移動放牧マニュアル　畜産草地研究所技術リポート第6号．

畜産草地研究所　2009．飼料米の生産技術・豚への給与技術　畜産草地研究所技術リポート7号．

加茂儀一　1976．日本畜産史　食肉・乳酪篇　法政大学出版局　東京．

川島知之　2003．日本型発酵リキッドフィーディングの構築を目指して　畜産の研究　57：975-986．

厚生労働省2009．日本人の食事摂取基準〈2010年版〉厚生労働省「日本人の食事摂取基準」策定検討会報告書　第一出版．

農林水産省　2009．平成21年版　食料・農業・農村白書　佐伯印刷　東京．

農林水産省　2009．食料需給表〈平成19年度〉農林統計協会　東京．

関　誠；木村容子；砂長伸司；室井章一・古賀照章・石崎重信・斉藤公一・清水景子・加藤泰之・内田哲二・寺田文典　2000．製造副産物等を利用したTMRの給与が泌乳初期乳生産に及ぼす影響　栄養生理研究会報44：141-153．

志藤博克・山名伸樹　2003．試作細断型ロールベーラを基軸とした大型作物収穫調製技術の開発　日本草地学会誌　47：610-614．

鈴木一好　2007．MAP結晶化法による有限資源であるリンの豚舎汚水からの除去回収技術　畜産の研究　61：275-280．

寺田文典・粟原光規・西田武弘・塩谷　繁　1997．泌乳牛における窒素排泄量の推定　日本畜産学会報　68：163-168．

寺田文典・阿部啓之・西田武弘・柴田正貴　1998．肥育牛の窒素排泄量の推定　日本畜産学会報　69：697-701．

寺田文典　2006．ルミノロジーとウシの栄養・飼養．小原嘉昭編　ルミノロジーの基礎と応用　高泌乳牛の栄養生理と疾病対策，農文協，東京．56-96．

浦川修司　2004．飼料イネ収穫・運搬の機械体系　畜産の研究　58：952-956．

Togashi K., Lin C. Y. 2003. Modifying the Lactation Curve to Improve Lactation Milk and Persistency Journal of Dairy Science 86：1487-1493.

全国飼料増産行動会議・日本草地畜産種子協会　2009．稲発酵粗飼料生産・給与技術マニュアル　東京．

第6章
水産物の安定供給を目的とした技術開発

吉崎 悟朗
東京海洋大学海洋科学部

1. 50年後には魚がいなくなる？

　2006年のScinece誌に，現在のままの漁獲強度が今後も続いた場合，50年後には水産資源が枯渇し利用できなくなるということを示唆する論文が掲載された（Worm et al., 2006）．この予測の妥当性については，議論の余地があるところだが，今までのような速度で自然の海から魚介類を採捕し続けられる時代が終わったことは間違いない．このような状況下においても未だ水産物供給の80％は天然の魚介類に依存しているのが現状である．さらに，我が国の水産物の国内自給率は60％程度と低く，かなりの水産物供給を輸入に依存している（水産庁，2009）．言い換えると，日本は世界中の水産物を輸入し，それを消費している水産物消費大国なのである．このような現状において水産物を安定供給していくためには，1）天然水産資源の適切な管理，2）持続的な養殖の推進，3）人為管理下で生産した稚魚を天然水域へと放流することで天然資源を補う"栽培漁業"，が有効な策であると考えられる．1）については天然資源を利用していく以上，当然のことであるが，2）3）については近年急速に進んでいる技術開発により，その大幅な効率化が期待されている．そこで，本章では2）3）について中心的に概説する．

2. 養殖

　養殖とは，魚介類の種苗を商品サイズに達するまで人為管理下で育成し，

これを直接出荷する漁業形態である．天然資源に依存せずに水産物供給が可能であるため，資源保護にもつながるうえ，魚類個体の生涯を通じて人為管理下で飼育を行うため（一部の魚種では天然の稚魚，幼魚を採捕して養殖用種苗に用いる場合もある），品質管理が厳格に行いうるというメリットもある．実際にハマチやマダイなどが現在のように低価格で供給されるようになった背景には，養殖による生産量の安定化とその増加によるところが大きい．さらに，近年のクロマグロの低価格化も，養殖あるいは畜養（商品サイズの個体を採捕し，出荷前に給餌することで可食部の脂質含量を増加させたり，需要の多い時期までイケス内で飼育することを指し，体成長を積極的に促すことを目的とする養殖とは区別される）に依存するところが少なくない．このように刺身や寿司で消費されるような比較的高級な魚種を安定供給していくうえで，養殖はすでに不可欠な存在になっている．海外に目を向けると近年の中国における養殖生産量の増加は著しく，全世界の養殖生産量は近い将来，漁獲量をしのぐものと予想されている．しかし，現状の養殖技術にはいくつかの問題点も存在する．

第1に魚病の発生である．狭い養殖イケスや養殖池に高密度で飼育される養殖魚は，常に魚病の発生のリスクと隣り合わせである．多くの感染症が問題となっているが，コイヘルペスウイルス症（KHV）は，霞ケ浦のコイ養殖に甚大な被害を与え，マスコミにも大きく取り上げられた魚病である（飯田，2005）．また，*Flavobacterium psychrophilum* によって引き起こされるアユの細菌性冷水病も，各地の養殖場さらには種苗が放流された河川で深刻な被害をもたらしている（乙竹，2007）．本病は元来一部の地域で発生していたものであったが，保菌種苗が全国に出荷されたため，現在では全国的な疾病となっている．このことは，外部から種苗を導入する際には無病確認が防疫の基本であることを再確認させられる事例になったといえよう．

このような魚病の対策としては，防疫や薬剤療法に加え，最近では魚病に対するワクチンも開発されている．多くのワクチンは注射による投与が必要であり，投与に労力がかかるという問題があるものの，その効果は著しく，一部の魚種では広く普及している（小川ら，2009）．このようにワクチン生

産の技術的障壁は少ないと考えられるが，畜産動物と比べて単価の安い養殖魚では，その開発に多大なコストが必要となるワクチンの商品化が進み難いという課題も残されている．これらの課題を解決するために，近年では各種病原体由来の抗原となるタンパク質をコードしている遺伝子配列を発現ベクターに挿入し，これを直接魚類個体の投与することで，ワクチン効果を期待するDNAワクチンの開発も盛んにおこなわれており，その効果もすでにいくつかの魚種において確認されている（Tonheim et al., 2008）（図6.1）．

一方，クルマエビ類の養殖においてはwhite spot disease（WSD）等のウイルス病およびビブリオ病等の細菌感染症により世界的にエビ養殖業は大打撃を受けた．このような状況においてハワイの海洋研究所ではwhiteleg shrimpのspecific pathogen-free種苗，いわゆるSPFの種苗を大量生産することに成功し，世界各地へこの種苗を出荷している（Briggs et al., 2004）．陸上とは異なり水中では一旦感染症が発症した場合，SPFの飼育環境を再創出することが困難であるため，SPF種苗の導入効果が明瞭な事例ばかりではないが，養殖用種苗にSPFという概念を導入し，これを実践している例としてwhiteleg shrimpの事例は注目に値する（図6.2）．

第2の問題点は育種の遅れである．現在養殖に用いられている魚はほとん

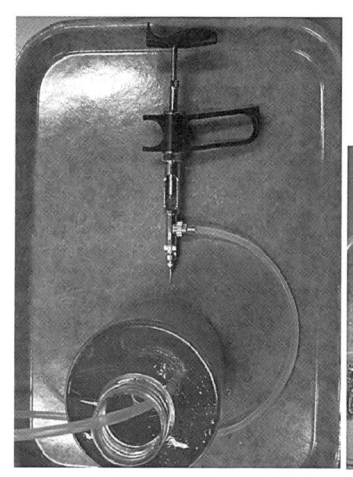

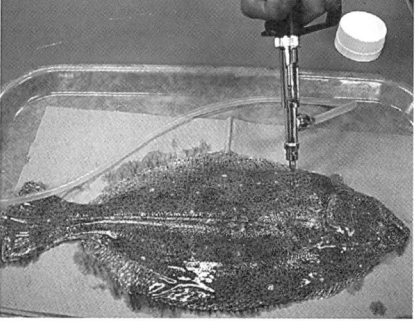

図6.1　ヒラメへのワクチン投与（左の写真はワクチン連続投与専用の注射器）

図 6.2　Specific Pathogen-free の whiteleg shrimp
　　　　（JIRCAS　奥津智之博士提供）

ど育種されておらず，ヒトが利用するために適した遺伝形質を保持しているとは言い難い．実際に海面養殖での生産量1位の魚種であるブリ（ハマチ）の場合，未だに養殖に用いられる種苗のほぼすべてが天然個体である．主に東シナ海で産卵された卵から育った稚魚は，黒潮に乗って太平洋岸を北上する過程でまき網を用いて採捕される．この時期のブリの稚魚は流れ藻の周辺に生息しているため，モジャコと呼ばれるが，このモジャコがブリ養殖の種苗に用いられている．淡水養殖の生産量1位であるウナギにおいても状況は同様である．最近になってウナギの人工種苗が研究室レベルで生産可能になっているが（Tanaka et al., 2003），産業レベルでの技術開発にはいまだ多くの障壁が存在すると考えられている．現段階では日本列島の太平洋沿岸に流れ着いたシラスウナギを大型の手網ですくい取り，これを商品サイズになるまで養殖池で育成しているのが現状である．このことは上記の2種では，養殖魚と天然魚は完全に同一の遺伝的背景を有していることを意味している．これらの魚種では受精卵の採取，および受精卵から種苗の飼育技術が産業レベルで確立していない点が決定的な律速であるが，この点を克服している魚種においても育種された養殖魚はほとんど存在していない．これは養殖そのものの歴史が植物を用いた農業や畜産業に比べて極めて短いことに加え（多くの魚種において人工種苗を用いた養殖の歴史は20～30年程度しかない），養殖対象魚種の世代（特に雌）が通常3～5年と長いこと，さらに養殖対象魚種は50種類以上と育種すべき種類数が多いことなどが原因と考えられる．

　一方，魚類は野生集団の遺伝子資源が豊富に存在するうえ（原種の探索に労力がかかる穀物や家畜と大きく異なる），多産であるため（水産上有用種の

6 水産物の安定供給を目的とした技術開発 105

産卵数は数千から数百万である），育種材料としては極めて優れている．実際に近年DNAマーカーを用いたマーカーアシスト選抜が数種の水産上有用種で開始されており，既にウイルス感染症の一種であるリンホシスティス症に対する耐病系ヒラメが作出されている（Fuji et al., 2007）（図6.3）．この耐病系ヒラメはすでにDNAマーカーを用いて商業ベースで生産されており，多くの養殖業者が本種苗を実際に養殖している．近年になって，アユの細菌性冷水病耐性系統も作出されており（Sakamoto et al., 2009），今後この分野の研究の発展が大いに期待されているところである．

3点目の問題は多くの魚種の養殖には，その栄養要求特性から魚粉と魚油を用いた餌が不可欠であるという点である．すなわち現在の養殖業は"魚から魚をつくる"産業であり，植物性の原料から，付加価値の高いマグロやブリのような肉食性回遊魚を作り出すことは困難である．現在までに，飼料原料である魚粉や魚油の一部を植物由来に代替する研究も進められている（Tacon and Metian, 2008）．特に魚粉に関してはその中に含まれるタウリンが養殖魚の成長・生残に重要な役割を果たしていることが最近になって明らかにされており，合成タウリンを飼料に添加することで魚粉の使用量を低減できることが期待されている（竹内，2009）．さらに，水産上有用魚種では，

図6.3 マーカーアシスト選抜で作られたリンホシスティス病耐性ヒラメ（左）と同病に感染した通常のヒラメ（右）（東京海洋大学　坂本崇博士提供）

その飼料効率が極端に低いという点も大きな課題である．このことは魚に利用されなかった多くの窒素やリンが飼育水中に放出されることを意味しており，養殖環境の長期的保全の立場からも早急に解決すべき課題である．飼料組成を改変することで窒素やリンの排泄を減らすための飼料開発も進んでいる（渡邉・青木，2009）．実際に飼料中にクエン酸を添加することでリンの利用効率が上昇し，その排泄が減少することも報告されている（Luckstadt, 2008）．さらに，養殖魚の家畜化（家魚化）により，栄養要求性や各種栄養素の利用効率を改変すること（後述）も重要な課題であろう．

ブリやウナギ養殖では天然種苗を用いていることはすでに述べたが，近年飛躍的に生産量が増加しているクロマグロ養殖においても，ヨコワと呼ばれる全長20～30cm程度の幼魚を一本釣りか，まき網で採捕し，これを2～3年間かけて商品サイズである20～40kgにまで養成するという方法が主流である（図6.4）．従来は商品サイズのマグロのみが採捕されていたのに対し，近年，養殖用種苗として若齢魚も採捕対象となっており，マグロ資源の持続的利用を考えると，クロマグロの人工種苗生産の事業化は早急に具現化すべき課題である．近年，近畿大学の水産実験場がクロマグロの人工種苗生産に成功したのに続き，人工種苗から生産したクロマグロから再度次世代を作出するという，いわゆるクロマグロの完全養殖にも成功している（熊井・宮下，2003）．しかし，仔稚魚期の生残や大型の親魚の養成等，未だ解決すべき課題は多く残されており，上述の天然種苗を早急に人工種苗に置き換えることが望まれている．水産庁も水産総合研究センターを中心にバーチャルマグロ研究所を設立し，この分野の研究開発を重点化しており，今後の展開が期待されるとこ

図6.4 クロマグロ養殖場での給餌風景

ろである．

3. 栽培漁業

　魚類の場合，哺乳動物とは異なり，1回の産卵期に数千から数億の卵を生産する．当然のことながら，生まれた次世代が親になるまでに，その数が2尾程度に収束すれば，その種の資源量は変化しないこととなる．言い換えれば，(数千〜数億)から2を引き算した残りの個体は，成熟年齢に達する前に斃死するのが自然の摂理である．多くの海産魚は，水面へと浮遊する卵を生産するうえ，発生段階の初期にふ化するため，ふ化後しばらくの間は遊泳能力をほとんど保持しない．当然のことながら，これらの時期に多くの卵・仔稚魚が被食によりその個体数を激減させることとなる．また，低い遊泳能力は摂餌能力も低いことを意味しており，これらの時期に餓死する個体も少なくない．

　そこで，このように生残率が低い時期の仔稚魚を，外敵のいない人為管理下で十分な給餌のもとで一定サイズまで飼育した後，これらを天然海域に放流することで，天然資源の補塡効果が期待できる．放流後は天然の生産力に依存して放流魚は成長し，商品サイズに達した個体を通常の方法で漁師が採捕するという漁業形態が海の栽培，すなわち栽培漁業である．シロサケやホタテガイはこの栽培漁業の代表的な成功例であり，前者は日本国内で年間18億尾，後者は30億尾程度が放流されている（良永，2009）．これらの魚種ではその放流効果が明瞭に認められており，現在の国内のサケ漁業およびホタテ漁業は栽培漁業に大きく依存していると言っても過言ではなかろう．また，マダイやヒラメについても各都道府県が年間数十万匹単位で沿岸へと放流している．

　日本は世界的に見ても極めて高い人工種苗生産技術を有しており，無脊椎動物を含む多くの水産動物の人工種苗が供給可能になっている．栽培漁業においても当然，養殖の項で述べたような人工種苗の生産技術は重要な課題であるが，天然水界への放流を前提とした場合，前述の育種とは正反対に，遺伝的多様性の確保が重要な課題である．すなわち人工種苗の放流により，各

地先に分布する天然集団の遺伝的組成を撹乱することがないような配慮が重要である．このことは放流予定地の自然集団の遺伝的背景を反映する十分量の個体数の親魚から受精卵を採取し，種苗生産に用いることで解決される．しかし種苗生産施設における飼育環境は天然環境とは大きく異なり，このような特殊な人為管理下に適した遺伝子をもつ個体を無意識に選抜している可能性は否定できない．近年，米国オレゴン州の河川で行われた調査によると，ふ化場で継代したスチールヘッド（降海するニジマス）から生産した人工種苗を河川に放流した場合，天然個体から生産した種苗より繁殖成功率が有意に低いというデータが得られている（荒木，2009）．日本沿岸で行われている魚種にこれらのデータの解釈をそのまま適用することはできないが，栽培漁業が天然個体群に与える長期的な影響を考えた場合，注目すべき報告であることは間違いないであろう．一方，クロマグロのような大型魚種の栽培漁業を考えた場合，その遺伝的多様性を維持するためには，大量の親個体を維持管理し，産卵行動に参加させることが必要となる．これには莫大なスペース，コスト，労力が必要となるため，親魚の小型化（この操作自体遺伝的な選抜を伴うため，注意が必要である）や飼育方法の改良等，新技術の導入が不可欠である．

4．水産における発生工学

　前述の様々な問題点（すなわち，育種の遅れ，魚から魚を作る養殖，人工種苗の安定供給，遺伝的に多様な種苗の生産）を解決するための方策のひとつとして，発生工学的なアプローチが期待される．魚類の発生工学研究は陸上動物と比較すると大幅に遅れているのが現状である．しかし魚類は陸上動物には無い多くの利点を有しているため，今後この分野は急速に進展するものと期待される．利点としては，多くの魚類は体外受精であるため，人工授精が容易であることが挙げられる．さらに発生は体外で進むため，発生途上の胚の操作が容易であることも重要な利点である．また魚類は多産であるため，大量の個体を用いて遺伝的スクリーニングが行えることや，第2極体の放出阻止などの染色体操作技法による不妊化が容易であること，なども挙げ

られる.

　脊椎動物の卵は第2減数分裂の中期で受精を迎え，精子の侵入が刺激となり第2極体の放出が完了する．すなわち受精直後の受精卵中には卵核，精子核由来の染色体セットに加え，第2極体由来の染色体セットの合計3セットの染色体が存在する．魚類においては受精直後（魚種によって異なるが受精から3～20分後）の卵を冷水あるいは温水に浸漬することで第2極体の放出が阻害され，3セットの染色体を保持したまま発生を進めることが可能である．このようにして作出された個体を3倍体と呼ぶ．3倍体は減数分裂不全で不妊になることが知られており，内水面のマス類養殖においては既に実用化している．魚類は繁殖に多大なエネルギーを消費するため，不妊化することで産卵期に生じる成長や肉質の低下を抑制できるというメリットが期待できる（荒井，1997）．このような技術は80年代から水産バイオテクノロジーとして多くの研究機関が研究を行い，最近になってこれらの応用型，あるいは第2世代の染色体操作とも呼ぶべき技法が内水面のマス類養殖に利用され始めている．3倍体は不妊になるのみならず，致死性雑種，あるいは低生残性雑種の生残率を改善することが知られている．たとえばニジマスの卵にブラウントラウトの精子を受精させた雑種の生残率は極めて低いが，この受精卵に3倍体化処理を施すと，生残性が回復する（荒井，1989）．同様の雑種3倍体（異質3倍体）は，第1卵割を阻害して作成した4倍体のニジマスから得られた2Nの卵に，ブラウントラウトの精子を受精させることでも生産することが可能である．実際には4倍体個体作出の成功率は極めて低いが，長野県水産試験場はこの4倍体ニジマスを作出し継代しており，この個体から得られた2N卵にステロイド処理により性転換したXX雄のブラウントラウトから得られた精子を受精させることで，全雌の異質3倍体を大量生産することに成功している（小原・傳田，2008）（図6.5）．サケマス類のオスは雑種や3倍体でも2次性徴を示すが，全雌化することで全く2次性徴が見られない個体を得ることが可能になっている．これらの全雌ニジマス×ブラウン雑種は信州サーモンと名付けられ，長野県の特産品として売り出されている．いわゆるブランド化戦略である．この信州サーモンは大型化することが特徴であ

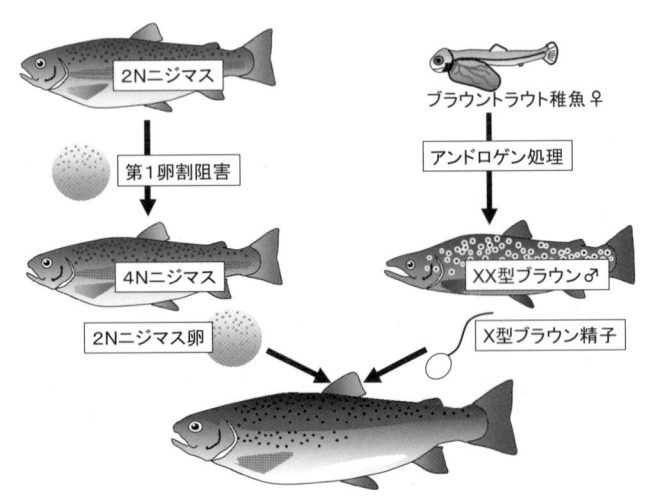

図6.5 信州サーモン（全雌ニジブラ3倍体）の作成方法

り，従来の塩焼き用ではなく生食用として長野県内の宿泊施設や飲食店に出荷されている（小原・傳田，2008）．同様の取り組みは各都道府県の水産試験場で行われており，栃木県のヤシオマス，愛知県の絹姫サーモンなどが地域特産品として売り出されている．

　魚類では上述のような染色体レベルでの発生工学のみではなく，様々な遺伝子導入個体の作出も試みられている．外来の成長ホルモン遺伝子導入ティラピアでは，通常の個体より5～10倍程度の高成長が認められている（図6.6）．これらの個体では食欲が増進するとともに飼料効率も改善され，商品サイズに達するまでの窒素の排泄量は通常個体の半分以下である（Kobayashi et al., 2007）．この事実は養殖場からの排泄物の処理という点からも好ましい形質である．同様に外来の成長ホルモン遺伝子を過剰発現させたサケでは，同腹仔の30倍の成長を示したという報告もなされている（Devlin et al., 1994）．また，栄養要求性の改変も試みられている．脂肪酸代謝酵素の遺伝子群を魚類個体へ導入することで，海産魚の必須脂肪酸であるエイコサペンタエン酸やドコサヘキサエン酸を植物性の脂肪酸から生合成させる試みもなされている．現段階ではモデル動物であるゼブラフィッシュを用いた研究で

図6.6 成長ホルモン遺伝子を過剰発現させたティラピア（上）と同年齢の同腹仔（下）

はあるが，脂肪酸代謝酵素遺伝子の導入により通常個体よりドコサヘキサエン酸含量が2.1倍にまで増加した系統の作出にも成功している（Alimuddin et al., 2005）．この研究が進展すれば上述の新たな代替飼料開発研究と併せることで"魚から魚を作る"養殖形態を"植物から魚を作る"養殖へと転換することも可能になるかもしれない．このことは飼料原料の安定供給を可能にするという観点からも意義深いと考える．

遺伝子導入技術の食品としての利用は議論の余地があるが，少なくとも水産物消費大国である日本が，一連の技術開発の先陣を切ることは重要であろう．また，環境中へ遺伝子組み換え魚類が逃亡した場合，天然個体と交配し，導入遺伝子が野生集団に拡散することが危惧される．近年，陸上で飼育水を濾過・再利用して行われる循環式養殖の技術開発が急速に進んでおり，このような施設を用いて遺伝子導入魚を飼育することも将来的には検討すべき課題である．また，導入遺伝子の野生集団への拡散を防ぐためには，前述の3倍体不妊魚を利用することも一案であろう（Devlin, 2006）．

一方，胚操作技法を駆使した技術開発も進んでいる．特に生殖細胞移植技術を用いることで上記の種々の問題解決が期待されている（吉崎ら，2007）．クロマグロの人工種苗生産の事業化や，養殖対象魚種の育種が重要な課題であることは先にも述べたとおりである．特にクロマグロは体重が100kg程度

から成熟を開始し，成熟までに通常は4〜5年も必要とする．本種の商品サイズは20〜40kg程度であることを考えると，親魚の飼育は通常の養殖と比較し，多大なスペース，コスト，労力を必要とする．そこで，マサバのように小型かつ満1年で成熟する魚種にマグロの生殖細胞を移植することで，マサバ宿主にクロマグロの配偶子を生産させるという研究も進められている（Okutsu et al., 2006a）．実際にニジマス精巣から単離した精原細胞を，免疫系が未熟なヤマメのふ化直後の稚魚の腹腔内へと移植すると，移植された精原細胞は拒絶されることもなくアメーバ運動によりヤマメの生殖腺に取り込まれ，そこで配偶子形成を再開することが報告されている．さらに，卵巣へと取り込まれた精原細胞は機能的な卵へと分化する（Okutsu et al., 2007）．このような生殖細胞の高い性的可塑性も魚類の大きな特徴のひとつである（Okutsu et al., 2006b）．また第2極体の放出阻止により不妊化した3倍体ヤマメにニジマス精原細胞を移植することで，宿主ヤマメはニジマス配偶子のみを生産することも明らかになっている（Okutsu et al., 2007）．この技術を適用することでマグロを産むサバが作出できれば，大幅な世代時間の短縮，

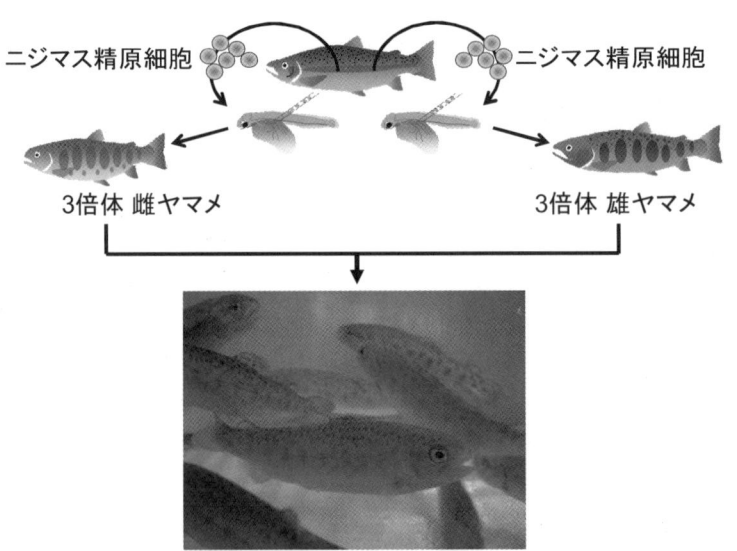

図6.7 ニジマスのみの配偶子を生産する代理ヤマメ親魚の作出方法

親魚飼育の簡略化，省コスト化が期待され，前述した現行のクロマグロ養殖が抱える諸問題の解決にもつながると期待されている．特に将来にわたりクロマグロの育種を行っていくうえで，世代時間が4～5年から1年へと短縮可能である点は大きな利点になると期待される．望ましい品種の樹立に10世代程度が必要であることを考慮すると，この世代期間の短縮は育種に必要な期間を大幅に短縮することを意味しており（40～50年から10年に），極めて大きな意義がある．さらに，移植前の凍結細胞を液体窒素内で凍結保存する技術も構築されており，この凍結細胞を代理の親魚へと移植することで機能的な卵や精子が生産されていることも確認済みである（Kobayashi et al., 2007）．魚類の場合，未受精卵や受精卵の凍結保存技術が構築されていないため，優良品種を作出した場合でも，その遺伝子資源を維持するための方法としては，個体の継代飼育が唯一のものである．生殖細胞の凍結保存とその代理親魚への移植は，魚類の遺伝子資源を半永久的に保存する方法としてこれから益々有用性が高まるであろう．

5．まとめ

ここまで水産物の安定供給を目指した技術開発について，最近の進展について，特に発生工学的手法を中心に紹介してきた．発生工学的手法は今後のさらなる技術発展が期待されるが，これはあくまでも魚類を材料にした場合に"飛び道具"的に使うことができるという話に過ぎない．言うまでもなく，既存の育種学，繁殖学，栄養学，病理学等の基礎研究・応用研究の進展が極めて重要である．これらの分野で得られた情報と発生工学的手法を統合することで，安全で良質な水産物を持続的に供給できるような技術体系の構築が望まれる．

引用文献

Alimuddin, G. Yoshizaki, V. Kiron, S. Satoh and T. Takeuchi 2005. Enhancement of EPA and DHA biosynthesis by over-expression of masu salmon Δ6-desaturase -like gene in zebrafish. Transgenic Res. 14 : 159-165.

荒井克俊 1989. 水産学シリーズ 日本水産学会監修 水産増養殖と染色体操作．鈴木亮編，恒星社厚生閣，東京．82-94.

荒井克俊 1997. 魚類のDNA．青木宙，隆島史夫，平野哲也編，恒星社厚生閣，東京．32-62.

荒木仁志 2009. DNA親子鑑定法を用いた種苗放流魚の自然繁殖力に関する保全遺伝学的考察，水産育種39：31-35.

Briggs, M., S. Funge-Smith, R. Subasinghe and M. Phillips 2004. Introductions and movement of *Penaeus vannamei and Penaeus stylirostris* in Asia and the Pacific. Food and Agriculture Organization of the United Nations. Regional Office for Asia and the Pacific, Bangkok. 1-79.

Devlin, R. H., T. Y. Yesaki, C. A. Biagi, E. m. Donaldson, P. Swanson and W. K. Chan 1994. Extraordinary salmon growth. Nature 371：209-210.

Devlin, R. H. 2006. 遺伝子組換え魚のリスクアセスメント，海洋と生物 163：171-176.

Fuji, K., O. Hasegawa, K. Honda, K. Kumasaka, T. Sakamoto and N. Okamoto 2007. Marker-assisted breeding of a lymphocystis disease-resistant Japanese flounder (*Paralichthys olivaceus*). Aquaculture 272：291-295.

飯田貴次 2005. コイヘルペスウイルス病，日本水産学会誌 71：632-635.

Kobayashi, S., Alimuddin, T. Morita, M. Miwa, J. Lu, M. Endo, T. Takeuchi, G. Yoshizaki 2007. Transgenic Nile tilapia (*Oreochromis niloticus*) over-expressing growth hormone show reduced ammonia extraction. Aquaculture 270：427-435.

Kobayashi T., Y. Takeuchi, T. Takeuchi, G. Yoshizaki 2007. Generation of viable fish from cryopreserved primordial germ cells. Mol. Reprod. Dev. 74：207-213.

小原昌和・傳田郁夫 2008. 染色体操作による異質三倍体品種「信州サーモン」の開発，水産育種 37：61-66.

熊井英水・宮下盛 2003. クロマグロの完全養殖の達成，日本水産学会誌 69：124-127.

Luckstadt, C. 2008. The use of acidifiers in fish nutrition. CAB Reviews:

Perspectives in Agriculture. Veterinary Science, Nutrition and Natural Resources 3 : 1-8.

小川和夫,山川 卓,良永知義 2009.水圏生物科学入門.会田勝美編,恒星社厚生閣,東京.119-131.

Okutsu, T., A. Yano, K. Nagasawa, S. Shikina, T. Kobayashi, Y. Takeuchi, G. Yoshizaki 2006a. J. Reprod. Dev. 52 : 685-693.

Okutsu, T., K. Suzuki, Y. Takeuchi, T. Takeuchi, G. Yoshizaki 2006b. Testicular germ cells can colonize sexually undifferentiated embryonic gonad and produce functional eggs in fish. Proc. Natl. Acad. Sci. USA. 103 : 2725-2729.

Okutsu, T., S. Shikina, M. Kanno, Y. Takeuchi, G. Yoshizaki 2007. Production of trout offspring from triploid salmon parents. Science 317 : 1517.

Okutsu, T., Y. Takeuchi and G. Yoshizaki 2008. Spermatogonial Transplantation in Fish : Production of trout offspring from salmon parents. Fisheries for Global welfare and environment 5th World Fisheries Congress 2008, Tokyo. 209-219.

乙竹 充 2007.特集 魚病研究の最前線 遺伝型研究やワクチンの開発が進む アユの細菌性冷水病,月刊 養殖 6月号:25-31.

Sakamto, T., T. Uchiyama, S. Morimoto, T. Nagai, Y. Iida, H. Murakami 2009. Marker-assisted selection of bacterial coldwater disease resistant ayu (*Plecoglossus altivelis*). The 10th International Symposium on Genetics in Aquaculture (ISGA X), Bangkok, Thailand. Abstract Book, P87.

水産庁 2009.新たな取組みで守る水産物の安定供給.水産庁編,水産白書 平成21年度版.財団法人農林統計協会,東京.9-32.

Tacon, A. G. J. and M. Metian 2008. Global overview on the use of fish meal and fish oil in industrially compounded aquafeeds : Trends and future prospects. Aquaculture 285 : 146-158.

竹内俊郎 2009.魚類栄養素としてのタウリンの機能,アクアネット 134:18-23.

Tanaka, H., H. Kagawa, H. Ohta, T. Unuma and K. Nomura 2003. The first production of glass eel in captivity:fish reproductive physiology facilitates great progress in aquaculture. Fish Physiol. Biochem. 28 : 493-497.

Tonheim, T. C., J. Bogwald , R. A. Dalmo 2008. What happens to the DNA vaccine in fish ? A review of current knowledge. Fish Shellfish Immunol. 25 : 1-18.

渡邉　武, 青木秀夫　2009. 新しい養魚飼料. 改定　魚類の栄養と飼料. 渡邉武編, 恒星社厚生閣, 東京. 343-408.

Worm, B., E. B. Barbier, N. Beaumont, J. E. Duffy, C. Folke, B. S. Halpern, J. B. C. Jackson, H. K. Lotze, F. Micheli, S. R. Palumbi, E. Sala, K. A. Selkoe, J. J. Stachowicz and R. Watson 2006. Impacts of biodiversity loss on ocean ecosystem services. Science 314 : 787-790

良永知義　2009. 水圏生物科学入門. 会田勝美編, 恒星社厚生閣, 東京. 111-119.

吉崎悟朗・竹内　裕・奥津智之　2007. シリーズ21世紀の農学動物・微生物の遺伝子工学研究. 日本農学会編, 養賢堂, 東京. 77-95.

第7章
持続性・循環を目指した
農業生産技術・システムの総合的評価

干場 信司

酪農学園大学　酪農学部酪農学科

1. はじめに

　農業の基本的役割は,「健康な食を安定的に供給すること」であろう.「健康な食」は「健康な土」によってもたらされる.家畜生産では,「健康な土」と「健康な食」との間に,「健康な草」や「健康な家畜」が必要となる.黒澤(1971)は,「健土健民」という言葉でこれを表現した.つまり,健康な土が健康な草を生み,健康な草が健康な牛を育て,健康な牛から健康な牛乳が生産され,それを飲んだ人間（民）は健康になることができる,という考えである.この考え方を実現する方法が,「循環型農業」である.物質循環が成立する生産を行うことが農業の基本であるといえよう.そして,循環型農業こそが持続的で安定的な農産物の供給を支えるものと考える（干場, 2004）.

　上述の視点は,生産量と経済効率の追求を主体として行ってきたこれまでの農業生産方式（生産技術・システム）への反省を促すことになる.これからの農業生産・家畜生産を考えるとき,私たちは,生産量と経済効率だけではなく,環境との調和,家畜福祉,生産者や地域の生活という視点から目を離すことはできない.

　このような多様で総合的な視点をもって,安全・安心な食（健康な食）の生産を行うためには,農業生産を多様で総合的な視点で評価する必要がある(Hoshiba et al., 1998；干場, 2006).以下には,①経済性,②環境負荷,③エネルギー,④家畜福祉,⑤人間福祉という5指標（図7.1）による農業生産シ

図7.1 総合的評価の指標

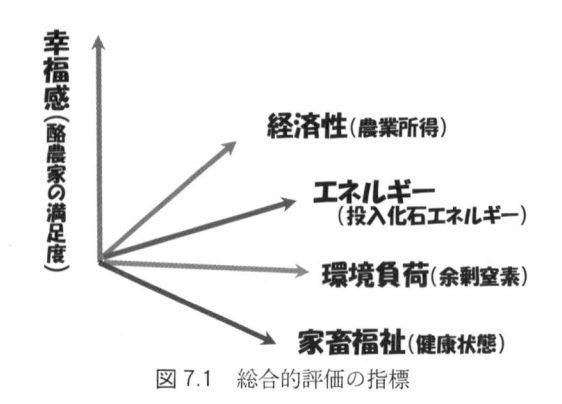

ステム（主に酪農家）の評価事例について紹介したい．

2．総合的評価の方法と事例

（1）5指標による評価方法

評価の仕方は以下の通りである．①経済性は，農業粗収入から農業支出を差し引いた農業所得で評価した．②環境負荷については，投入窒素（飼料，肥料などに含まれている窒素）から産出窒素（牛乳，個体販売など）を差し引いて求められる余剰窒素によって評価した（河上，2004；図7.2）．これは，牧場で利用されなかった窒素量のことであり，窒素負荷の大きさを表す指標と考えることができる．③エネルギーは，酪農生産に使われた化石エネルギーの投入量によって評価した．また，④家畜福祉については，家畜の健康状態に注目し，診療費によって評価した．さらに，⑤人間福祉については，酪農経営に関わる作業者の満足度をアンケート調査し，大変満足，満足，普通，不満，大変不満の5段階によって評価した．

（2）複合的評価指標およびレーダーチャートによる表現

図7.3に北海道釧路支庁管内のA町農業協同組合に加盟する牧場に関する農業所得（いわゆる純益である．クミカン所得なので，多少多めに表れている．）と余剰窒素の関係を示した．これを見ると，同じ所得を得ている牧場で

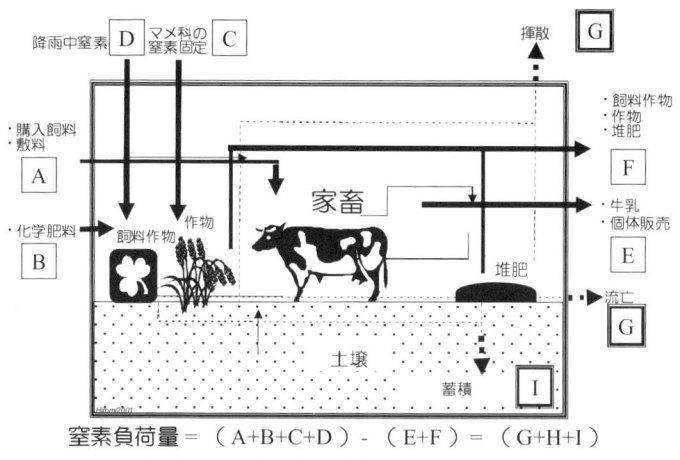

7 持続性・循環を目指した農業生産技術・システムの総合的評価

窒素負荷量 = (A+B+C+D) - (E+F) = (G+H+I)

図 7.2 窒素負荷の定義と窒素の流れ図

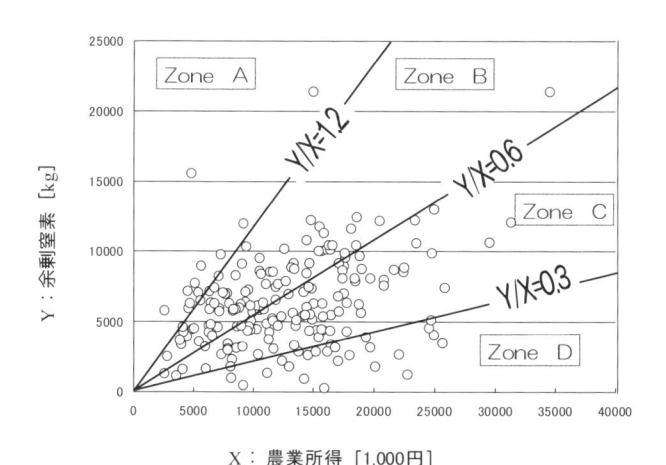

図 7.3 農業所得と余剰窒素との関係（北海道釧路支庁A町）

も余剰窒素は大きく異なることが明かである．将来のことを考えるなら，同じ所得を得るためには，余剰窒素が小さくてすむ生産が好ましいと言える（河上，2004；干場，2006）．

このことを示す新たな指標（複合的指標）として，［余剰窒素／所得］比を考えた．これは，「1,000円の所得を得る際にどのくらい使われなかった窒素

があるか」を示す指標である．また，「1,000円の所得を得るのに，どの位環境に負荷を与えているか」を示す指標とも言える．これは，経済性と環境問題の両方を考え合わせた指標と言うことができる（干場，2001）．

同様な発想から，農業所得と投入エネルギー量との関係を図7.6に示す．［余剰窒素／所得］比と同様な発想から，［投エネ／所得］比を考えた．これは「1,000円の所得を得るのに殿くらいの化石エネルギーを投入しているか」を示している（干場，2001）．これらの複合的な指標を用いることによって，将来を展望した経営の評価をすることができると考える．

これまで，農業生産システムを総合的に評価するための指標として，エネルギーの産出投入比（宇田川，1976）が用いられてきたが，この指標では，複数種の農産物を生産する複合的農業生産システムの評価や，異なった農産物を生産する農業生産システム間（農家間）の比較を行うことはできなかった．分母に所得を用いることにより，それを可能とした（干場，2001）．

浜中町の牧場を［余剰窒素／所得］比によって4つのグループに分けて（図7.3），この5つの指標からなるレーダーチャートに表したのが図7.4である（河上，2004）．このレーダーチャートでは，外側に位置する方が好ましい状態を示している．これを見ると，［余剰窒素／所得］比が大きなグループAは，すべての指標で好ましくなく，逆に，［余剰窒素／所得］比が小さなグ

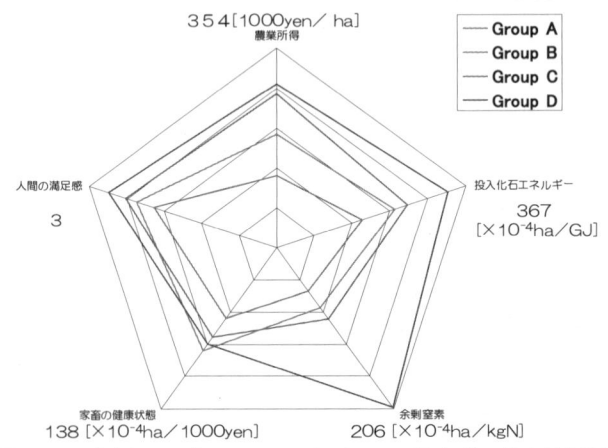

図7.4　5指標レーダーチャートを用いた4農家群の総合的評価

7 持続性・循環を目指した農業生産技術・システムの総合的評価 121

ループDは，満足度も含めてすべての指標で好ましいという結果となった．経済性だけではなく，他の4指標を加えて総合的に評価することにより，これまでとは異なった評価結果となることがわかった（Hoshiba, 2002）．すなわち，環境を大切にする生産方式が経済性や家畜福祉および人間の満足度にもより好ましい状態をもたらす傾向があることを示している．

（3）評価事例
1）放牧酪農の5指標による評価

この5つの評価指標によって，放牧酪農を評価した（河上，2004）．対象は，北海道十勝支庁管内C町の放牧研究会に所属する酪農家7戸の放牧経営である．

まず，経済性では，図7.5に示すとおり，放牧を始める前に比べて，放牧後の収入（粗収入）は明らかに減少している（河上，2004）．しかし，支出（コスト）も大きく減少し，結果として，農業所得（いわゆる純益）は増加した．支出で最も減少したのは，購入飼料費である．生産乳量は減少したものの，購入飼料の減少による農業所得率の上昇が大きく影響したと思われる．

次に投入化石エネルギーについては，経済収支と同様に，購入飼料量の減

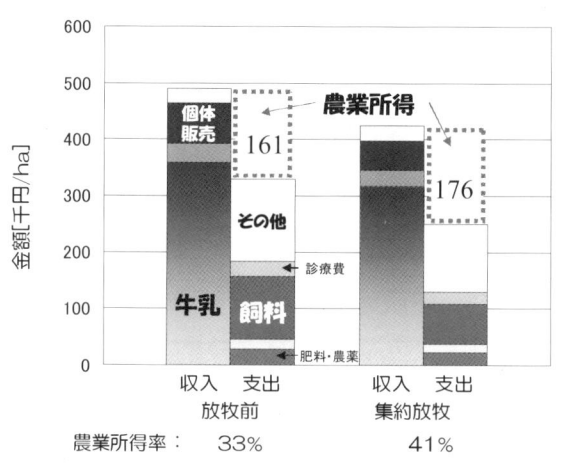

図7.5 農業所得および農業所得率の変化

少が，投入化石エネルギーの減少に大きく寄与していることが明らかである．

また，図7.6には，窒素収支（余剰窒素）の推移を示した（河上，2004）．牧場に投入された窒素は，放牧を始めたことにより大幅に減少している．これは，購入濃厚飼料と化学肥料の減少によってもたらされたものである．余剰窒素は放牧開始前に比べ放牧後は，約6割にまで下がっている．

家畜の診療費は，放牧開始後一時的に減少したが，その後，濃厚飼料の大幅な減少にともなうエネルギー不足が原因となって，繁殖障害が強く現れた．しかし，家畜も慣れ，酪農家も放牧に適した管理方法を習得して，診療費は再び減少した（河上，2004）．

人間福祉を表す指標として，酪農家の満足度を調べたが，足寄放牧研究会の酪農家の人たちは，他の地域よりも満足度が高いという結果であった．これは，放牧だけが理由とは言えず，奥さんたちも含めてともに議論しながら改善を成し遂げてきたことに対する満足感と思われる（河上，2004）．

さらに複合的評価指標として，［投エネ／所得］比と［余剰窒素／所得］比を用いて評価した．［投エネ／所得］比とは，単位（例えば千円）の農業所得を得るために投入した化石エネルギーであり，放牧開始前に比べ放牧後は，

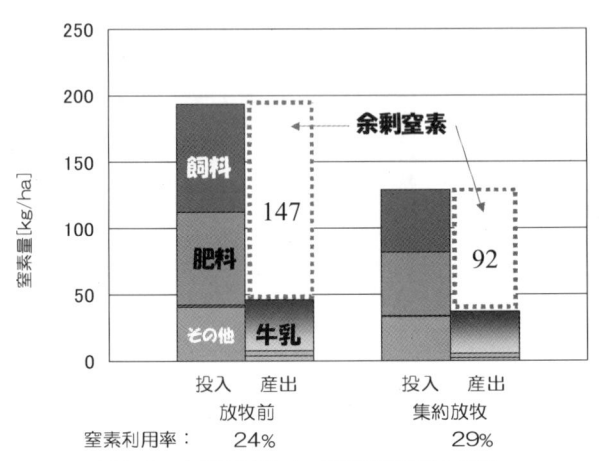

図7.6 余剰窒素および窒素利用率の変化

約4分の3に減少していた．また，[余剰窒素／所得] 比とは，単位の農業所得を得るときに発生している余剰窒素（環境に与える窒素負荷の潜在性）であり，放牧開始前に比べ放牧後は，約半分になっていた．これらの複合的評価指標は，経済性と環境の両方を合わせて考えるときの有効な手法になると考えられる．

2）濃厚飼料給与量が5指標に及ぼす影響

濃厚飼料給与量が5指標に及ぼす影響について検討した（加藤ら，2005；干場，2008）．対象は，北海道の釧路支庁管内A町（98戸）と北海道十勝支庁管内B町（94戸）の酪農家群である．酪農類型では，A町は草地酪農地帯，一方，B町は畑地酪農地帯に分類されている．

1頭あたりの濃厚飼料給与量と乳量との関係は，確かに濃厚飼料給与量が増加するにしたがい乳量も増加傾向にあったが，多少頭打ちの傾向が伺われた（図7.7）．乳飼比は濃厚飼料給与量の増加とともに高まるため，結果として，濃厚飼料給与量の増加は必ずしも1頭あたりの農業所得の増加にはつながってはいないことが明らかになった（図7.8）．

環境負荷については，両町共に濃厚飼料給与量の増加は，単位面積あたりの余剰窒素の増加をもたらしており，環境への負荷に大きな影響を与えてい

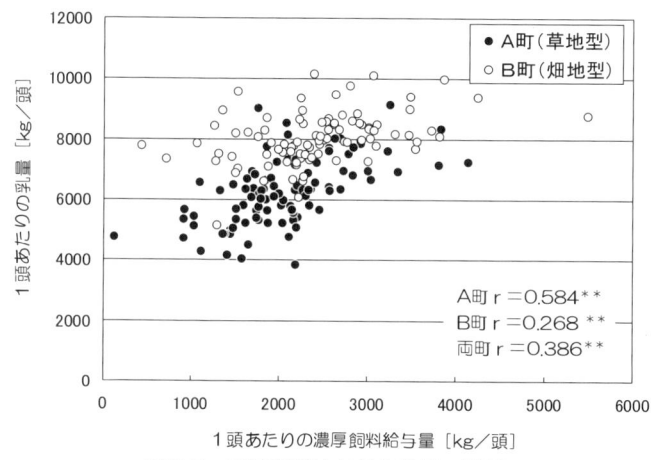

図7.7　濃厚飼料給与量と乳量の関係

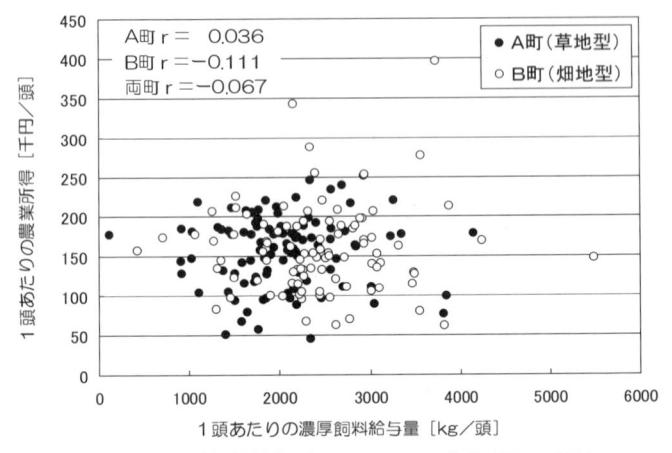

図 7.8　濃厚飼料給与量と1頭あたり農業所得の関係

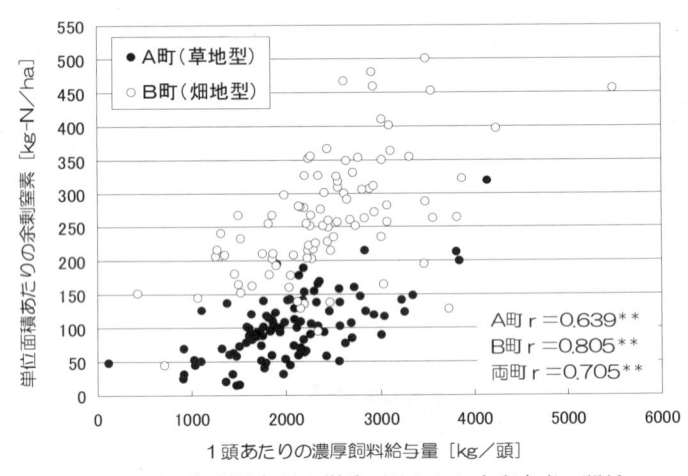

図 7.9　濃厚飼料給与量と単位面積あたり余剰窒素の関係

た（図7.9）．特に，相対的に経営面積の少ない（36.5ha／戸）畑地酪農地帯のB町においては，環境への強い影響が見られた．

　家畜の診療費との関係では，濃厚飼料給与量の増加は家畜の診療費を高めており，家畜の健康状態においても悪影響を及ぼす傾向のあることが明らか

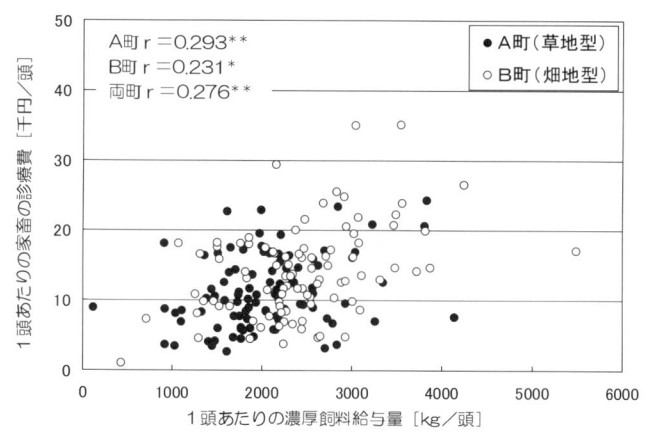

7 持続性・循環を目指した農業生産技術・システムの総合的評価　125

図7.10 濃厚飼料給与量と家畜の診療費の関係

となった（図7.10）．

　最後に，酪農経営に関わる作業者の満足度に関しては，濃厚飼料給与量の増加が満足度を高めているとは言えず，逆に弱いマイナス傾向にあることが示された（図7.11）．

　以上のように，濃厚飼料給与量の増加は，必ずしも酪農経営を良好にして

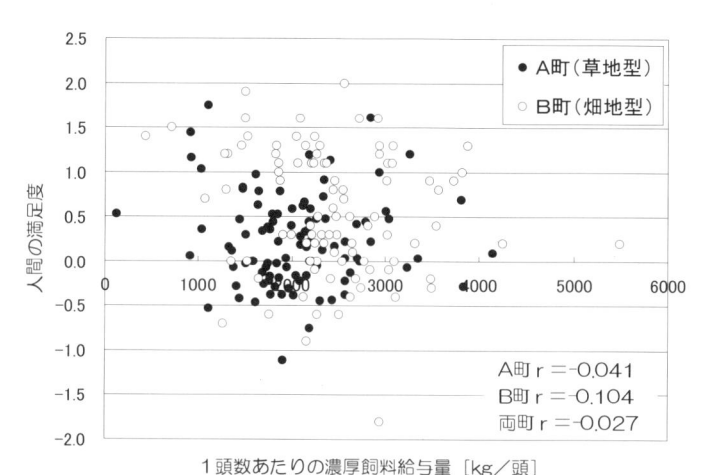

図7.11 濃厚飼料給与量と人間の満足度の関係

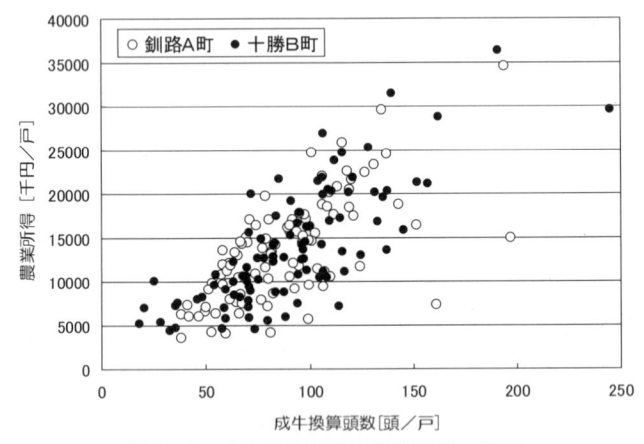

図 7.12　成牛換算頭数と農業所得の関係

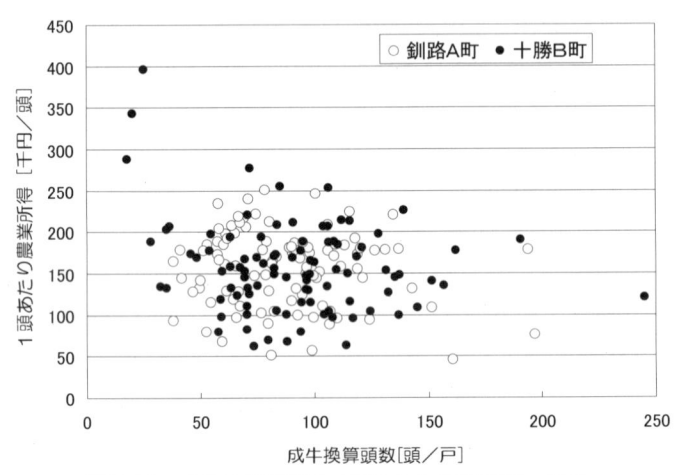

図 7.13　成牛換算頭数と1頭あたり農業所得の関係

いるとは言い難い．また，図7.12〜7.14に示すように，飼養頭数の増加は1戸あたりの農業所得を増加させているが，バラツキは極めて大きく，1頭あたりの農業所得を増加させてはおらず，逆に環境負荷（余剰窒素）を著しく増加させていることも明かとなった．

　これらの結果は，北海道東部の2町村における傾向を示しているものであ

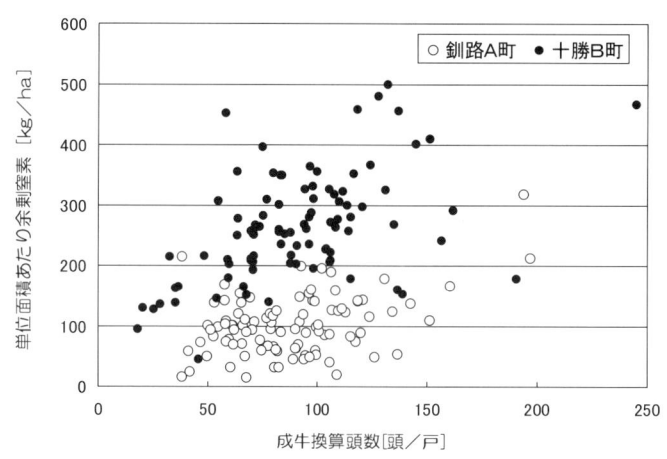

図7.14 成牛換算頭数と単位面積あたり余剰窒素の関係

り，全ての酪農家に当てはまるわけではない．中には（これら2町村の中にも），濃厚飼料給与量や飼養頭数を増加させても，家畜の健康状態を良好に保ちながら，また環境への負荷も抑えながら，生産乳量を上手に高めて，高農業所得となっている酪農家が存在するのも事実である．

しかし，これらの結果は，これまで長い間酪農家が夢としてきた「規模」と「乳量」の神話を見直す時期に来ていることを示しているであろう（干場，2007）．まさしく「量から質へ」である．特に，環境問題をも考慮しながら，将来の自分の経営方法を考える際には，考慮する必要があると思われる．

3．総合的評価の意義

(1) 各研究分野の総合化

現在，家畜生産に係わる学問は，①遺伝・育種・繁殖，②栄養・飼料，③管理・衛生・環境，④畜産物利用，⑤経営・経済，などに分類することができるであろう．近年，研究の専門化がますます進み，それぞれの分野ではさらに細分化された項目を対象とするようになってきている．

しかし，家畜生産の現場では，細分化された学問では対応ができず，総合化されて初めて意味を持つことになる．この総合化は，現在のところ，ほと

んどが農家に任されているという実態である．なぜなら，総合化するための学問が極めて弱くなっているからである．

例えば，育種改良技術により遺伝的に泌乳能力の高い乳牛が多くなっており，またそれを支える栄養管理技術も整って，高泌乳生産が可能にはなっているが，その能力を十分に発揮させるための飼料基盤が我が国には不足している．そのため，海外から穀物飼料を大量に輸入し，それが環境問題を引き起こしている．さらに，スケールメリットを生かすべく，メガファームやギガファームへの規模拡大が一部において推奨されているが，これも飼料基盤の脆弱さを露呈し，環境問題に直面する危険性を抱えている．同様なことは，施設や機械を導入についても見られる．優れた機能を持った施設や機械を導入した結果，今までの管理体制そのものが壊れてしまい，家畜の健康状態を損ねる結果になることもある．

このように，技術の総合化によって成り立っている生業の典型でもある酪農業においては，1つの技術の選択は，その他の多くの技術に大きく影響を及ぼす．また逆に，酪農生産における1つの成果は，多くの技術が総合的に集積した結果である．したがって，各種の専門技術を総合化する学問が，今こそ必要とされていると考える．

（2）今，必要とされる研究テーマ

今，最も必要とされる研究テーマは，「農産物に関して北海道内および日本国内で何をどれだけ生産すべきか」であろうと考える．このことは，「何をどれだけ輸入すべきか」を検討することをも意味している．このテーマを考えるときのキーワードは，「物質循環」と「日本型食生活」であろう（干場，2006）．

このテーマは，個人の力で行うことができるほど容易ではない．土壌の管理に始まり，栽培や飼養，育種・繁殖，健康管理（家畜福祉），経営管理などの生産現場の問題から，食品加工や流通などの生産現場と消費者を結ぶ問題，食生活・食文化など主に消費者側の問題，さらに，それらをとりまく環境の問題など，すべての分野が関わって取り組まなくてはならないテーマである．

いずれにしても，すでに小手先の農業技術で対応できるものではなくなってきていることに気付く．例えば，家畜ふん尿管理の問題は，ふん尿そのものの処理や管理の変更だけでは改善されない．地球環境問題への対応と同様に，長期的視点に立ち，飼料基盤をはじめとして育種目標をも含めた酪農生産システム全体の見直しをしなければ，基本的な解決は得られない．我々研究・教育に携わる者も，「先端的技術」とか「新しい技術」，「高度な技術」などの言葉に惑わされて個別的技術の追求のみに捕われ，全体の酪農生産システムを壊すことのないよう，身を戒める必要があるであろう．

（3）それぞれの立場における役割

酪農生産にはいろいろな立場の組織とそこで働く人々が関係している．生産者である酪農家はもとより，農協，普及所，行政，企業そして教育・研究機関などがそれに当たる．それぞれの組織と人々が本来の役割を果たすことが，最も単純で最も大切な基本姿勢である．けっして，組織の存続を一義的な目的にしてはならない．

酪農家の役割は，自分の生計を確保しながら，消費者の求める良質な牛乳を生産することであり，農協はその酪農家を直接的に支援すること，普及所は主に生活をも含めた生産技術に関する支援をすること，行政は生産を可能とする環境を整えること，企業は生産に必要な資材・施設・機械等を提供すること，そして，教育・研究機関は，持続的な生産に必要な基礎的・応用的技術とそれを支える考え方（思想／哲学）を作り出すことであると考える（干場，2007）．

本章で用いた図表は，加藤博美氏らとの共同研究によって得られたものであり，ご協力いただいた多くの方々に感謝の意を表する．

引用文献

Hoshiba, S., H. Kawakami, K. Nekomoto, K. Ueda, Y. Yoshino, S. Morita and A. Ikeguchi 1998. Evaluation of manure handling systems from multiple criteria:economic balance, fossil energy input and nitrogen load. In Matsunaka, T.

eds., Environmentally friendly management of farm animal waste. 268, 213-217.

干場信司・河上博美・森田茂・野田哲治・池口厚男　2001．酪農生産システムの複合的評価指標の提案―経営的収益性・窒素負荷量・投入化石エネルギーによる総合的評価―．農業施設 32（3）：129-134.

Hoshiba, S. 2002. Perspectives for realizing agriculture production systems with material circulation. In Takahashi, J. and Young, A. eds., Greenhouse Gases and Animal Agriculture. Elsevier Science. 51-57.

干場信司　2006．循環型酪農生産への要望が高まっている．理戦．実践社．84：156-171.

干場信司　2007．酪農生産システム全体から牛乳生産調整問題を考える．北海道畜産学会報　49：11-13.

加藤（河上）博美・干場信司・森田　茂　2005．濃厚飼料給与量が経済性・環境負荷・家畜の健康状態および人間の満足感に及ぼす影響．Animal Behavior and Management 41（1）：82-83．日本家畜管理学会．

河上博美　2004．酪農生産システムの総合的評価．酪農学園大学学位論文．

黒澤酉蔵　1971．農業の意義と農法の在り方．（財）協同組合経営研究所．2.

宇田川武彦　1976．稲作栽培における投入エネルギーの推定．環境情報科学 5：73-79.

第8章
食料の安定供給と安全確保をめざす農薬利用技術

上 路 雅 子
(社) 日本植物防疫協会

1. はじめに

　温暖湿潤のわが国では農作物の病害虫・雑草による被害は甚大であり，これらの防除が不可欠になっている．無農薬の場合，作物種や栽培方法によっては病害虫の被害で収穫が皆無になったり，雑草被害で大幅な減収がもたらされることも多い．わが国における農薬の使用は，稲害虫のウンカ類防除のために鯨油を用いたのが最初とされており，本格的使用は第二次世界大戦前後に海外で開発された化学合成農薬の導入による．戦後の食料増産を達成するため，作物の品種改良，農業機械や農地整備など各方面での技術が飛躍的に発展し，農業生産技術の総合化が図られた．農薬も一連の生産技術の中で病害虫・雑草の防除資材として，農作物の安定的な収量確保と高品質化，また，除草作業の時間短縮や軽労化にみられるように農作業の軽減に大きな役割を果たしてきたといえる．
　一方，1962年レーチェル・カーソン（米国）著「サイレントスプリング：沈黙の春」が出版され，難分解性，水難溶性，高脂溶性，さらに毒性の高い化学物質が食物連鎖の高位に位置する生物に長期間にわたり蓄積して有害性を示すことが指摘された．これまでの科学技術万能といった風潮に対する警鐘として社会にも大きな反響を与えたが，この本で取り上げられた合成化学物質がDDT，BHCなどの有機塩素系農薬であったことから，人々の農薬に対する厳しい意識，不安が醸成されたものと思われる．また，国内では農薬に

図8.1 江戸時代の害虫防除法(大蔵永常:除蝗録 1826)

ひたすら神仏に害虫や悪疫の退散を祈る集団呪い法(江戸時代中期以降に全盛を迎えた)、「虫送り」の様子

寛文10年、1670年に鯨油や菜種油を水稲のウンカ類の防除に使用。油を水田に注いで水面に油の皮膜をつくり、害虫を払い落とし、害虫の気門をふさいで窒息死させる

起因する人や魚介類などの事故も多発した．そこで，急性毒性および残留性による農薬のリスクを低減するため，各種の法律や基準の設定とともに使用禁止などの措置がとられた．最近では圃場レベルから地球規模での環境汚染も取り沙汰され，農業現場で過剰に使用される農薬の環境負荷も懸念されるようになった．このような問題の解決に向けて，農薬の安全性評価や使用方法の徹底など行政によるリスク管理が行われており，また，負の側面を打破する新たな視点での農薬の有効成分および製剤の開発・改良が進められてきている．ここでは，農薬の現状と今後の開発方向を紹介するとともに，病害虫・雑草防除の将来について考えたい．

2．農薬行政によるリスク管理

(1) 農薬問題に対する行政対応と新規農薬の登録

病害虫・雑草防除に使用される農薬は，農作物の茎葉部に，あるいは土壌に処理される．そして，農作物における代謝や，大気，土壌，水系への拡散・分解を受けながら消失するが，その過程で予測される作物における残留や薬害，農薬を使用する作業者のみならず住民に対する健康や環境生物への影響を軽減する行政施策が実施されている．

農薬に関係する主要法令には，農薬取締法（所管官庁：農林水産省），食品衛生法（厚生労働省），食品安全基本法（内閣府），環境基本法（環境省）があり，この他にも，毒物及び劇物取締法，水質汚濁防止法，水道法，消防法，植物防疫法，廃棄物の処理および清掃に関する法律など極めて多岐に渡る．また，関係する行政官庁も広範であり，それぞれの役割分担のもとに連携・協力しながら農薬行政が推進されている．

農薬取締法は，製造，輸入，流通，使用など農薬全般に対する基本的な規制であり，多様な農薬問題の発生や時代の要請に応じ改正もされてきた．たとえば，1971年の農薬使用に伴う人・家畜および環境に対する危被害の発生，作物・土壌への長期残留性が問題になったことを受けた農薬取締法の大改正がある．ここでは，有機リン系殺虫剤パラチオンなど毒性の高い農薬，DDT，BHC，ドリン剤など難分解性の有機塩素系殺虫剤の使用が禁止された．また，2002年に全国各地で発覚した無登録農薬の使用問題に対応した改正では，無登録農薬の使用禁止や回収命令，使用基準の遵守および使用者罰則の強化などが盛り込まれた．さらに，水産動植物の被害防止に対する使用規制に加えて，生態系における農薬影響の評価の必要性の指摘に対し，「水産動植物に対する毒性に係る登録保留基準」が2003年に改正された．

新規農薬を登録するためには，農薬取締法に基づき，農薬の防除効果に加えて，①品質（水溶解性や土壌吸着性などの物理化学的性質，有効成分の含有量，品質の安定性・爆発性，周辺作物や後作物に対する薬害など），②毒性（人への急性・慢性毒性，環境生物への影響），③環境における動態（植物，土壌，水中での代謝，分解，残留性）などに関する膨大な試験結果が必要である．これらの結果は農薬

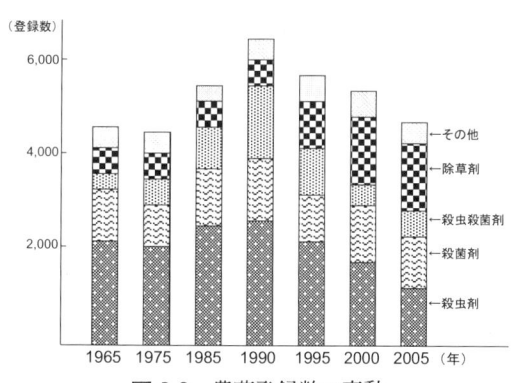

図8.2　農薬登録数の変動

リスクを評価・管理するための基礎的な資料となり，これらの科学的情報から多方面にわたる検討と審査が行われる．その上で登録票が交付されるが登録の有効期間は3年であり，登録更新時に農薬品質の改良や科学的進歩に伴ったデータ追加なども要求される．わが国では2008年10月現在，製剤として4,341件，有効成分数で526成分が農薬登録されており，除草剤の占める割合が増加しているものの全体として漸減傾向にある（図8.2）．なお，微生物および天敵など生物農薬は現在42件が登録されているが，今後増加していくものと推測される．

（2）　農薬の毒性評価と1日摂取許容量の設定

　国民にとって最も関心が高いのは残留農薬による安全性の確保である．表8.1に示す実験動物試験の結果により，用量－反応の関係および毒性学的にみて一生涯にわたり摂取を続けても影響を及ぼさない薬量：無毒性量（NOAEL : No-Observed-Adverse-Effect Level）が求められる．NOAELをさらに，実験動物と人での種差（種間の差異）と，個体差（同一種間内での差異）を考慮した安全係数（通常100）で割って人に外挿し，体重1kg当たりの1日摂取許容量（ADI : Acceptable Daily Intake）が決められる．また，日本人1人当たりで摂取が許容される量はADIに平均体重53.3kgを乗じた値

表8.1　農薬登録に必要な毒性試験

＜急性毒性＞	＜長期毒性＞
(1) 経口毒性試験（ラット，マウス，犬）	(14) 1年間反復経口投与試験（ラット，犬）
(2) 経皮毒性試験（ラット）	(15) 発がん性試験（ラット，マウス）
(3) 吸入毒性試験（ラット）	＜生殖毒性＞
(4) 眼刺激性試験（ウサギ）	(16) 2世代繁殖毒性試験（ラット）
(5) 皮膚刺激性試験（ウサギ）	(17) 催奇形性試験（ラット，ウサギ）
(6) 皮膚感作性試験（モルモット）	＜遺伝毒性（変異原性）＞
(7) 急性神経毒性試験（ラット）	(18) 復帰変異原性試験（細菌）
(8) 急性遅発性神経毒性試験（ニワトリ）	(19) 染色体異常試験（哺乳類培養細胞）
＜短期毒性（亜急性毒性）＞	(20) 小核試験（ラット，マウス）
(9) 90日間反復経口投与試験（ラット，マウス，犬）	＜特殊毒性＞
(10) 21日間反復経皮毒性試験（ラット）	(21) 生体機能影響試験
(11) 90日間反復吸入毒性試験（ラット）	（ラット，マウス，犬，モルモット）
(12) 反復経口投与神経毒性（ラット）	(22) 解毒・治療に関する試験（ラット，犬）
(13) 28日間反復経口投与遅発性神経毒性試験	＜動物代謝試験＞
（ニワトリ）	(23) 動物体内運命に関する試験（ラット）

であり，人が一生涯，毎日摂取を続けても健康上のリスクがない量である．

（3）残留基準と農薬使用基準の設定

農産物中の残留農薬によるリスクを管理するための基準値は，国民健康・栄養調査による食品摂取量と作物体における残留農薬の試験結果に基づき，当該農薬の適用作物における残留総量がADIの80％を超過しない範囲で設定される．なお，2006年5月29日に，残留農薬基準が定められていない農薬を含む食品の流通を禁じるポジティブリスト制度が導入されたことから，基準値未設定の農薬について早急な対応が迫られている（未設定の場合は「一律基準0.01ppm」が暫定基準となり，これを超過した農作物は食品衛生法違反で流通禁止の措置がとられる）．

さらに，残留基準を遵守するための農薬使用基準が，実際の農薬使用による作物残留量を勘案して設定される．この使用基準には農薬の効果が確保されることが前提であり，農薬の適用作物毎に，使用量または希釈倍数，使用時期および（総）使用回数，使用方法などの項目が明示される．これらの項目は，各農薬の適用病害虫・雑草名や作物名，有効成分の化学名や製剤の物理的化学的性状，毒物・劇物の表示などとともに，農薬容器のラベルに表示することが義務づけられている．残留農薬のリスク管理と位置づけられる使用基準に則って適正に農薬を使用することで，残留農薬に起因する人への健康影響はないといえる（図8.3）．

慢性毒性試験（動物実験、遺伝毒性試験など）　　（農薬取締法）
↓
無毒性量（NOAEL）
　　　　　×安全係数（通常1/100）
1日摂取許容量（ADI）　　　（食品安全委員会）
　　　　　×人体重（53.3kg）
人1日摂取許容量
作物別摂取量 ────→ 作物別残留試験
　　　　　作物別残留許容量 → 残留農薬基準
　　　　　　　　　　　　　　　（食品衛生法）
　　　　使用時期・回数・使用濃度 → 農薬使用基準
　　　　　　　　　　　　　　　　　（農薬取締法）

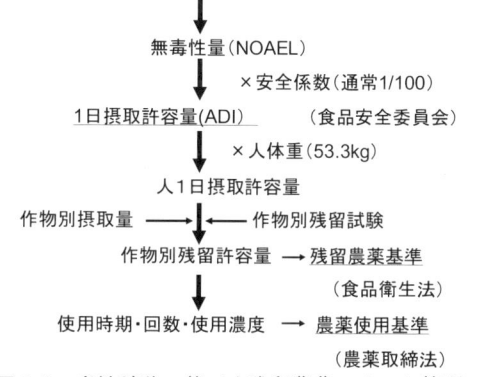

図8.3　毒性試験に基づく残留農薬のリスク管理

3. 新規農薬の開発

(1) 新規農薬の開発プロセス

新農薬の探索は化合物の合成から始まる．すでに実用化されている薬剤やその類縁化合物，天然生理活性物質などに関する多様な生物活性情報から合成目標を設定し，ランダム合成や新規の化学合成方法に従って数多くの化合物が合成される．次に，実験室レベルで病害虫，雑草など生体を用いた，あるいは，特定した作用点レベルや標的遺伝子における化合物の活性を評価し，目的に合致する化合物の選抜（スクリーニング）が行われる．このような手順による新農薬の発明・成功の確率は，人および環境への安全性に対する条件が厳しくなり要求項目が増加してきたこともあって，最近では1/5万～1/10万ともいわれており，研究開発経費も増大している．

スクリーニングと並行して，小規模圃場での薬効・薬害などの生物試験，急性毒性試験の実施により新農薬の候補化合物が絞られる．さらに，圃場規模での生物試験，各種毒性試験，生体内運命・残留試験，水産・有用生物に対する影響試験，残留分析法，製剤研究（原体製造，プラント設計）などが実施され，農薬としての十分な有用性を確認する総合評価が行われた上で，最終的な登録申請となる．現在では，新規農薬1剤のスクリーニングから販売にいたるまで約10年を要しており，今後，新規農薬の開発が益々困難になっていくことが予想される．

(2) 農薬の開発目標

近年，BSE，輸入農産物における残留農薬の基準値超過，食品の偽装表示など食品の安全性を揺るがす事件が相次いで発生したため，食の安全や環境汚染に対する国民の関心が高まっている．このような社会的背景を受けて，農薬に対しても，過去に発生した様々な問題点を軽減しこれまで以上に高い安全性を確保することが重要になっている．農薬有効成分が具備する条件に次の項目が列挙され，その目標に向けた研究が推進されている．

・低薬量で農薬活性を発現する（低投入型）

- 防除対象生物にのみ選択的に作用する（高選択性）
- 分解しやすく残留性が低い（易分解性）
- 人および家畜に対する健康影響が小さい（低毒性）

さらに，新規農薬に限らず既存農薬についても有効な取り組みとして，
- 農薬の利便性や安全性を高める農薬製剤と施用技術の改良がある．

1）低投入型農薬の開発

　病害虫・雑草防除に必要な単位面積当たりの農薬有効成分量を少なくすることが，環境負荷や作物残留性の観点から望ましい．すなわち，微量の農薬投入で十分な効力を発揮することが必要となり，農薬の高活性化が求められる．そのためには，生物体内への浸透移行性や農薬の化学構造に基づく各種生物の作用点での結合性など，病害虫・雑草に対する農薬の反応性に関する詳細な科学的知見の蓄積が有効となる．なお，活性が高まっても「人の健康（家畜を含む）」に影響を及ぼさないことが必須条件であり，このことは後述の「高選択性農薬の開発」と密接に関係する．

　近年の単位面積当たりの農薬使用量は格段に減少している．農薬登録（あるいは使用開始）が1930年～1960年代の殺虫剤DDT, BHC, 殺菌剤マンネブ，チウラム，除草剤PCP, MCPA, MCCなどは，1ha当たりの使用量が1～10kgであったのに対し，最近開発される農薬の多くは，殺虫剤，殺菌剤，除草剤を問わず数10g～数100gと微量で優れた効果を発現するものが多く，中には1ha当たり10g以下で卓効を示す農薬も出現してきている．有効成分の効力面での進化は目覚ましく，作物残留性や環境負荷は飛躍的に改善された．なお，「低投入型農薬」を論ずる場合，有効成分の活性に加えて，農薬製剤の改良も大きく貢献している．

　低薬量化を最も顕著に実現しているのが除草剤である．殺草活性の作用点として植物の生存に関与する光合成系や生合成系などに焦点を当て，微量で活性を阻害する薬剤の創製が試みられてきている．代表的事例は，バリン，ロイシン，イソロイシンなどの必須分枝アミノ酸の生合成に関与する植物特有のアセト乳酸合成酵素（ALS）の活性を阻害するスルホニル尿素系除草剤（SU剤）の開発である．ALS阻害剤は，土壌処理および茎葉処理いずれでも

有効であり，細胞分裂・伸長の抑制を引き起こし，二次的に生育抑制，クロロシス，ネクロシス，褐変を生じ枯死する．R-SO$_2$NHCONH-R'の基本構造をもつSU剤（現在登録の有効成分は13剤）は人の健康に対する影響もほとんどなく，単位面積当たり数g～数10gで十分な殺草効果を発揮するため，わが国の水田用あるいは畑用除草剤として広く普及している．なお，最近SU剤に対し抵抗性をもつ雑草の出現が顕在化しており対応が迫られている．

2）高選択性農薬の開発

農薬にとって重要な条件は，防除対象となる病害虫，雑草などに効果（毒性）があっても，人や家畜および防除対象外の非標的生物（鳥類，水生生物，土壌微生物，有用生物など）に影響を及ぼさない高度な選択性（選択毒性）を有することである．標的生物に対し高活性な農薬であっても，「防除対象の標的生物」と「人畜・非標的生物」との間における毒性に差がなければ，望ましい農薬とはいえない．なお，一方では，樹園地や畦畔・非農耕地雑草の除草剤のように，高活性・非選択性を要求される場合もあり，防除対象の生物種，使用環境，使用方法などの視点も加えた農薬開発が必要となる．

殺虫剤を例にとると，害虫と哺乳動物は同じ「動物」に分類されることから両者に共通の作用点が多く存在し，選択性を賦与することは難しい．これまでの主要殺虫剤だった有機リン系，カーバメート系，ピレスロイド系殺虫剤などは，哺乳動物と共通の神経系を司るアセチルコリンエステラーゼ（AChE）活性を阻害する．そのため，神経系に対する活性を利用する薬剤では，薬剤の化学構造に起因する哺乳動物と昆虫のAChEに対する感受性（親和性）の差異，体内への（皮膚）浸透移行性，代謝に伴う分解・活性化反応（すなわち，薬剤の解毒に関与する酸化酵素やグルタチオンS-転移酵素のような酵素活性の基質特異性）などが選択性に関連する（図8.4，梅津・安藤，2004）．望ましい農薬開発に向けて，生体反応に関する科学的な基礎知見が集積され，化学構造を改変する試行錯誤を繰り返すことによって殺虫剤の選択性は高まったといえる（表8.2）．さらに，近年，昆虫神経のシナプス後膜上のニコチン性アセチルコリン受容体に作用するクロロニコチニル系殺虫剤，雄成虫のみの誘殺除去や交信かく乱などの性フェロモン剤，昆虫脱皮を

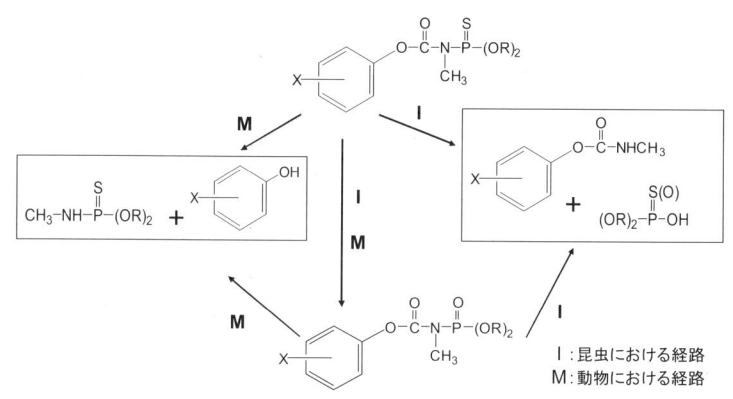

図8.4 選択毒性の原理(例:カーバメート系殺虫剤)
(梅津・安藤,2004を引用)

I:昆虫における経路
M:動物における経路

表8.2 殺虫剤の選択毒性(LD_{50}: mg/kg)

薬剤	ラット(A)(経口投与)	昆虫(局所施用)(B)		
		イエバエ	ツマグロヨコバイ	コナガ
DDT*	118	2 (59)		
BHC*	91	0.85 (107)		
パラチオン*	3.6	0.9 (4.0)		
シュラーダン*	42	1,932 (0.022)		
マラソン	1,000	26.5 (38)	0.57 (1,754)	
フェニトロチオン	570	2.3 (248)	4.5 (127)	
カルバリル	500	>900 (<0.56)	0.71 (704)	
フェンバレレート	451	1 (451)		1.3 (347)
ペルメトリン	1,500	0.7 (2,143)		0.73 (2,055)
クロルフルアズロン	>8,500			0.24 (>35,416)
メソプレン	>34,600	0.02 (>1,730,000)		

単位:mg/kg　*:現在,わが国では使用されていない
( )内の値:選択係数(A)/(B)

阻害するベンゾイルウレア系殺虫剤など,哺乳動物に安全性の高い剤が開発されてきている.特に,昆虫脱皮阻害剤は昆虫のみに存在するキチンの生合成を阻害して成長を抑制するIGR剤と分類され,哺乳動物にはほとんど影響がない.

殺菌剤の作用機構に,エネルギー代謝,生体成分の生合成,細胞分裂の阻害などが挙げられるが,その中で銅剤やジチオカーバメート系などSH系酵素の阻害剤は非選択的である.また,病原菌が増殖するための菌体構成成分

の生合成過程は，生物種によって特異的であることが多く，この過程を阻害することで殺菌剤の選択的な効果を発現する．細胞膜を構成するリン脂質およびステロール生合成系の阻害剤（EBI 剤など）や糸状菌の細胞壁に特異的に含まれるキチン合成系の阻害剤（ポリオキシン）も選択的な殺菌効果を示す．

除草剤の場合，植物特有の機能制御を作用点にしているため人畜への毒性は概して小さい．しかし，作物と同じ植物に属する雑草を防除対象とすることから，使用方法によっては除草効果が「薬害」の発生に繋がる危険性もある．高活性の除草効果の発現とともに，薬害発生の懸念を回避することが重要であり，作物と雑草の両者における僅かな性質の差，例えば，薬剤代謝の差（分解速度や活性化の程度），植物体内への吸収移行性，薬剤の作用点における親和性の差による感受性の違いなどから，作物と防除対象植物との間における選択性の賦与を図っている．図8.5は代表的な SU 剤であるベンスルフロンメチルの選択毒性を示したものである．イネ科では親化合物よりも ALS 活性の低いベンゼン環置換の脱メチル体に速やかに変換されるのに対し，強害雑草オモダカでは親化合物の代謝が緩慢で長期間体内に残留するため，殺草活性が発現される（Takeda et al., 1986）．

3）易分解性農薬の開発

農作物への散布や土壌中に処理された農薬は，光分解，加水分解などの物

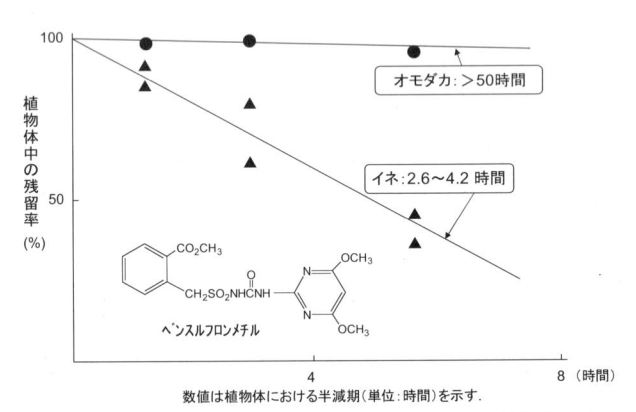

図8.5　スルホニル尿素系除草剤（ベンスルフロンメチル）の植物体における代謝
　　　（Takeda et al., 1986 のデータから作図）

理化学的反応や動植物，土壌微生物などによる生分解を受けて時間経過に伴い濃度が減少する．しかし，過去には有機塩素系農薬DDT，BHCなどのように難分解性で，土壌中での半減期（農薬成分が土壌中で2分の1に減少する期間）が数年〜10年と長期間残留したり，生物濃縮し生態系に悪影響が懸念される農薬もあった．そのため，農薬の高い効果を維持しながら，分解反応が進行しやすい化学構造に変換することが試みられている．残留性に係るリスク管理として，農薬登録をする際に，作物，土壌，水系における残留試験結果の提出が義務づけられ，また，市場農産物および輸入農産物の農薬残留調査なども実施されている．前作物に使用された農薬による後作物への薬害を回避するため，土壌残留性を示す半減期が原則180日を超える農薬は「土壌残留に係る登録保留基準」により登録されない．なお，現在使用されている農薬の多くは半減期が60日以内になっており土壌残留性の恐れは軽減している．

一方，2008年10月厚生労働省発表の農産物における残留調査結果によると，残留基準超過は国産，輸入農産物ともに0.01％（検査点数合計で約212万件，検査対象農薬数320）であり，僅かながら食品衛生法違反が認められる．なお，残留基準値は生涯にわたり摂取しつづけ，さらに安全係数100倍を乗じて設定された値であり，残留基準値を超過した農産物を食べたとしても直ちに健康上の問題が起こるものではない．むしろ，ポジティブリスト制度の施行により一律基準0.01ppmが適用されるため，前作物に使用した残留農薬による後作物への汚染が農業生産現場で大きな問題になっている．

4）低毒性農薬の開発

「高選択性農薬」の開発目標は人の健康に農薬の影響を及ぼさないことであり，結果として「低毒性農薬」につながる．化学物質（医薬品，医薬部外品を除く）の有害性，とくに急性毒性に着目した人に対する毒性は，「毒物及び劇物取締法」（厚労省所管）で「毒物」，「劇物」に指定され，これらの製造，輸入，販売，表示，廃棄などが規制されている．その分類については，経口・経皮・吸入の各種急性試験の結果により判定されるが，例えば，急性経口毒性（ラット）の場合，毒物：$LD_{50} < 50$ mg／kg，劇物：50 mg $< LD_{50} < 300$ mg

/kgであり,さらに,法律に記載がなく毒性の低いLD$_{50}$＞300mgの化学物質を一般に「普通物」と称している.農薬についても登録時に急性毒性試験の結果に基づく毒物と劇物の分類が行われ,農薬容器に記載される.登録農薬の毒性別生産金額によると,1950年代は毒物,劇物,そして,さらに毒性が高く解毒が困難とされる「特定毒物」を合わせて約60％であったが,2000年以降約80％が普通物であり,低毒性化が確実に進行している(図8.6).

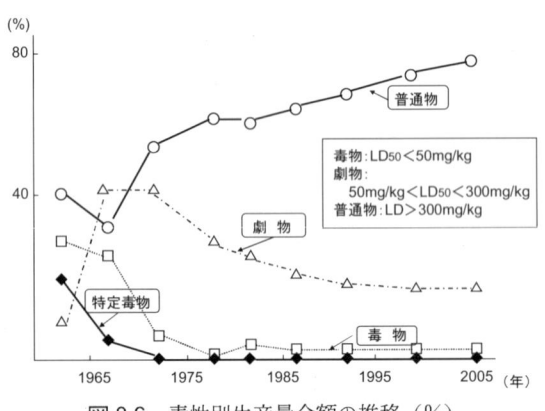

図8.6 毒性別生産量金額の推移(％)

5) 新規農薬の開発事例

最近開発された農薬から,新しい作用機構をもつ殺虫剤フルベンジアミド(ISO名:flubendiamide)と,抵抗性誘導作用を有する殺菌剤イソチアニル(ISO名:isotianil)について紹介する.

①フルベンジアミド

日本農薬株式会社は,1991年,新規除草剤系統の探索を目指した研究を開始し,ジカルボキサミド構造をもつ化合物のオールラウンドスクリーニングの結果,1993年チョウ目幼虫に特異的な症状を示すリード化合物を発見した.さらに周辺化学物質として約2,000化合物を合成し,1998年に新規の作用機構によるベンゼンジカルボキサミド構造のフルベンジアミドを発明した.その後,各種の生物効果試験,毒性,代謝・分解,作物・土壌残留など安全性評価のための試験が実施され,2007年野菜,茶,果樹,芝など13作物の

8 食料の安定供給と安全確保をめざす農業利用技術

チョウ目害虫（幼虫・成虫）で国内登録が認可された（商品名：フェニックス，スティンガーなど）（図 8.7）.

本剤の効果は農作物を摂食することによる食毒作用である．フルベンジアミドは，チョウ目害虫の筋細胞内小胞体膜上に存在するリアノジン受容体分子に特異的に結合し，リアノジン受容体を開口状態に固定して筋小胞体から細胞内にカルシウムイオンを放出しカルシウム濃度が高まることにより，不可逆的な筋収縮を引き起こす．すなわち，本剤の作用機構は「リアノジン受容体の活性化→細胞内 Ca^{2+} 濃度の上昇→体収縮→摂食停止→致死」といえる．この作用は従来の殺虫剤にない新規のものであること，哺乳動物と昆虫間，あるいはチョウ目以外の昆虫間における作用点であるリアノジン受容体の相同性が低いことから，哺乳動物に対する毒性は低く（人畜毒性は「普通物」），また，チョウ目以外の害虫，天敵，有用昆虫（カイコをのぞく）への影響が小さいなど，フルベンジアミドは優れた特徴をもっている（Hamaguchi and Hirooka, 2007, 廣岡, 2007）．さらに，新規の作用点であるため，既存抵抗性害虫にも有効であり，症状となる食害抑制（絶食による飢餓状態）の発現は速やかで，効果の持続性にも優れている．

海外での登録も既に20カ国で取得されており，世界各地で広く普及されることが期待される．

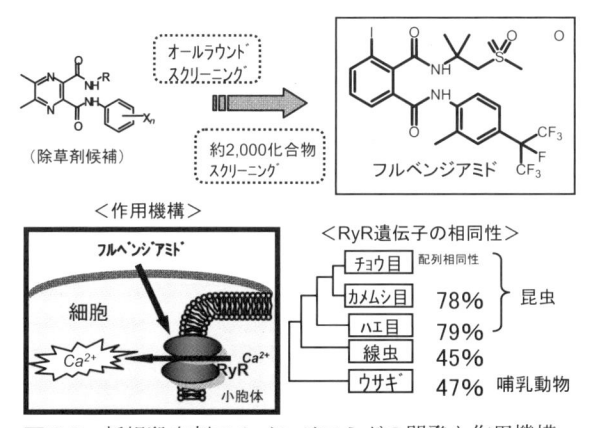

図 8.7 新規殺虫剤フルベンジアミドの開発と作用機構

②イソチアニル

1997年,バイエルクロップサイエンス株式会社は,ドイツ・バイエル社が合成した化合物の中から,イネいもち病の抵抗性を誘導する物質を見いだした.わが国では住友化学との共同開発により,イネいもち病の育苗箱施用および水面施用薬剤として2008年に農薬登録が申請されている.

本剤はイソチアゾール環を持つ化学構造で浸透性が高く(図8.8),その作用機構は,植物自身が持つ病原菌に対する防御機構の活性化(植物病害抵抗性誘導)であると考察されている.これは,温室内での茎葉散布処理試験による防除効果が,処理1日後よりも処理4日後以降に接種した場合の方が顕著に高いことからも推察され,直接的な抗菌活性でなく抵抗性誘導作用といえる(沢田,2008).イネいもち病菌は耐性菌リスクの高い病原菌とされているが,同様の作用機構をもつ既存剤(プロベナゾール,チアジニルなど)では耐性菌発生の報告がないことから,イソチアニルも耐性菌の発生リスクが低いものと予測されている.

いもち病防除において,本剤は10a当たり薬量20~30gと低薬量で十分な防除効果が確保されるとともに,播種時から移植時までの育苗箱施用処理,圃場での水面施用処理でも安定した効果が認められている.また,残効性は移植処理40日まで実用的な防除効果が確認されており,さらに,人畜,水産

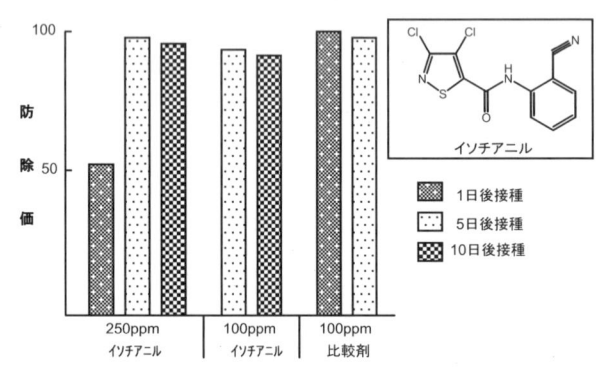

供試作物:イネ(コシヒカリ) 2葉期(ポット植); 薬剤散布1,5,10日後にイネいもち菌を噴霧接種、接種1週間後に発病程度を調査

図8.8 新規殺菌剤イソチアニルによるいもち病防除効果

動植物への影響もほとんどなく安全性は高く，低負荷型，高選択性の農薬といえる．

いもち病に加えて，白葉枯病，ごま葉枯病に対する防除効果も確認されているが適用範囲については検討中であり，さらなる拡大が見込まれる．また，抵抗性誘導に関与するタンパク質および遺伝子の発現・活性に関しても解析が進められており，新規の殺菌剤の開発にも役立つ知見が集積されていくものと研究の推移を見守りたい．

6）新規製剤・施用技術の開発

微量の農薬有効成分を広い圃場面積に均一に散布して効力を発揮させるための製剤化が必要であり，最終製品の「製剤」が農薬の優劣に大きく影響する．農薬の有効成分が選択的に優れた効力を有し低毒性のものであっても，製剤として，農薬としての機能の発揮や負の要因の削減が不十分であれば，実用化することはできない．そのため，農薬有効成分の物理化学的性質，土壌処理または茎葉散布などの使用方法，使用対象作物，温度や土壌特性などの環境条件などに，多様な要因を加味して創意工夫が行われ，製剤化が図られている．同時に，新規の製剤形態が開発されれば新たな施用機械や施用方法の改良などが求められるため，製剤形態と施用技術の両者を切り離して考えることはできない．

農薬製剤には次のような役割と改善の方向が挙げられるが，農業資材としての経済性の視点から安価を求めることは当然である．

- 少量の農薬有効成分を農耕地に均一散布する
- 効力を最大限に発揮する
- 農薬の短所を軽減する（分解速度の制御，人畜毒性や薬害の軽減など）
- 使用者の安全性を向上させ作業者の暴露を軽減する
- 散布地域外へのドリフト（飛散）や水系への流入軽減による環境負荷低減
- 散布量，散布回数の軽減，製剤形態の改良などによる作業の軽労化

最近，特に農薬散布の省力化・軽作業化，あるいは人および環境への安全性や農薬効力の向上などに対する要望が高いことから，これまで以上に高いハードルを設定し，製剤や施用法の改良・開発が進められている．さらに，

新規農薬の創製が極めて困難になっている現状において，既存開発剤の用途拡大および安全性や省力化などの高度化も目指しており，既存剤の有効利用として可能性は拡がる．

製剤は大きく固体製剤と液体製剤に分類される．さらに，固体製剤は粒度分布によって，粉剤（一般粉剤，DL粉剤，フローダスト），粒剤（3キロ粒剤，1キロ粒剤），粉粒剤（微粒剤，細粒剤F），水和剤（微粉～粗粉），顆粒水和剤（微粒～細粒）などがあり，また，液体製剤として乳剤，フロアブル製剤，マイクロエマルジョン製剤などがある．表8.3に既存製剤の問題点とその解決法，さらに開発された新規製剤を整理する．たとえば，有機溶剤を用いた乳剤の毒性・薬害を軽減するエマルション製剤やフロアブル製剤，微粉体の微粒子部分を除去することによりドリフト防止を図るDL（driftless）製剤，高活性化させることで粒剤の重量を3キロから軽量化した1キロ製剤，水田に入らず畦畔から散布できるジャンボ剤や原液散布フロアブル製剤などが実用化されている（辻，2006）．また，投げ込み剤として開発が進められたジャンボ剤は，1個約50gの球状，塊状の製剤で水中または水面上で容易に拡散，展開するように発泡性錠剤あるいは水溶性パック剤として設計されている．この製剤は畦畔から10a当たり10～20個，下手投げで投入するもので，散布機も不要で，粉立ちやドリフトがなく作業者および隣接作物にも安全などの利点を有し，除草労働における消費エネルギー量も格段に減少している（図8.9）．このように，農薬効力の向上，農薬散布での安全性確保，環境負荷軽減，軽労化などを図るため，今後も，優れた特性をもつ新規製剤の研究開発

表8.3 既存製剤の問題点と新規製剤および施用法（辻，2006を改変）

問題点	要望	解決方法	新規製剤，施用技術
毒性 薬害 危険物 粉塵 ドリフト 重量	省力化 安全性向上 効力向上 薬害防止	水性化 粒状化 微粒子除去 高濃度化 放出制御 標的指向化 粉塵防止 畦畔散布 育苗箱処理 農薬・肥料の同時処理	フロアブル製剤，エマルジョン製剤 顆粒水和剤 DL（driftless）粉剤 1キロ粒剤 徐放性製剤 田植同時散布機，育苗箱処理，水面展開剤 水溶性包装，顆粒水和剤 ジャンボ剤，フロアブル製剤原液湛水処理 長期残効型箱施用粒剤 農薬入り肥料，側条施肥機による処理

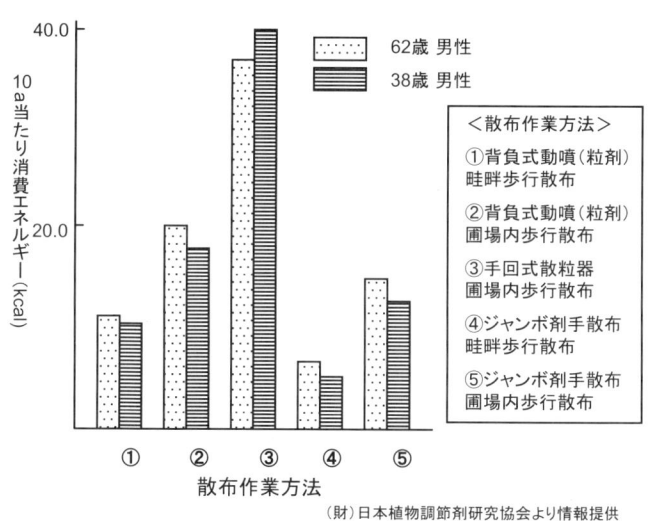

8 食料の安定供給と安全確保をめざす農業利用技術　147

図8.9　除草労働における消費エネルギー
（財）日本植物調節剤研究協会より情報提供

＜散布作業方法＞
①背負式動噴（粒剤）畦畔歩行散布
②背負式動噴（粒剤）圃場内歩行散布
③手回式散粒器圃場内歩行散布
④ジャンボ剤手散布畦畔歩行散布
⑤ジャンボ剤手散布圃場内歩行散布

が想定される．

　一方，水稲栽培における病害虫防除体系も大きく変化してきた．以前，イネの生育中期以降に発生する病害虫に対しては，移植後の本田で数回の防除を行うのが一般的であった．近年，長期残効性を有するイモチ病，紋枯れ病，害虫に対して高性能な箱処理剤が開発されたのを契機に，育苗期に箱処理剤を施用することによって，本田では出穂以降の補助的な防除のみを実施する防除体系が中心になってきた．長期残効型箱処理剤は，葉いもちの防除まで効果が持続するように設計されており，防除回数の低減による農薬施用の労力低減，農薬成分数および投下薬量の低減，水系への流出も少なく環境負荷の低減など多くの利点が挙げられることから，全国的な水田病害虫防除の基幹技術になっている．この技術は，育苗箱への播種時，床土・覆土のどちらかに薬剤を混和させておくか播種と同時に機械で薬剤を散粒する方法であり，いずれも薬剤処理の省力性が高いことから，農業人口の減少と高齢化にむけた要望に応えたものになった．現在，登録されている農薬有効成分は殺虫剤・殺菌剤ともに約10成分ほどあるが，新規成分や混合剤が続いて登場するであろう．

3. これからの病害虫・雑草防除

(1) 有機農業における農薬の使用

　過去の問題点を解決するために創意工夫された技術開発に伴って，多くの優れた特性を具備した農薬に変化してきている．また，各種の試験により安全性，環境に対する影響などが評価され，行政的にも厳しく規制されている．しかしながら，化学合成農薬に対する人の健康や生態系への影響など負のイメージを完全に払拭することができない状況にある．生産者にとっては農業資材費の削減，消費者にとっては健康志向などが要因となり，化学肥料とともに化学合成農薬の使用を制限する有機農業に期待がもたれている．なお，有機農産物の生産に使用しても良いとされる農薬は，除虫菊乳剤，マシン油，硫黄，硫酸銅，生石灰，シイタケ菌糸体抽出物液剤，クロレラ抽出物液剤，天敵など生物農薬および生物農薬製剤，性フェロモン剤，誘引剤，忌避剤など，無機農薬および生物農薬に限定されている．これらの薬剤は，化学合成農薬と比較し，生態系に対する負荷が小さいなど優れた特徴があるが，防除効果，適用範囲，使用時期，価格などの面で大きく異なる．有機農業で農産物の収量の安定的確保や高品質化を図るには，有機農業技術の確立や消費者の理解，生産者－消費者の連携などが必要となる．

　なお，平成16年度有機農業に関する農水省調査では，農薬使用による慣行栽培と比較して，所得で約1.9倍と高所得であるが，労働時間が約1.6倍，収量が約0.84倍と，有機農業を推進するには大変な負担を伴うことが示されている．さらに，平成19年度の有機農業による生産量は総生産量の約0.18％にすぎず，わが国の食料自給率が41％の現状において，有機農業に大きく依存することは難しいと考えられる．

(2) 環境保全型農業における農薬使用

　現在，化学合成農薬の使用量を削減する病害虫・雑草防除技術として，環境保全型農業（総合的病害虫・雑草管理：IPM）が推進されている．行政的な裏付けとして，2005年3月の「食料・農業・農村基本計画」（農林水産省）で

「我が国の農業生産全体のあり方について環境保全を重視したものに転換することを推進し，農業生産活動に伴う環境への負荷の軽減を図る」とされた．また，具体的な施策として，「環境と調和の取れた農業生産活動規範（農業環境規範）」が定められ，この中で「効果的・効率的で適正な防除」が示された．

総合的病害虫・雑草管理の体系は，①予備的措置として：病害虫・雑草の発生しにくい栽培環境の整備（耕種的対策の実施，輪作体系の導入，抵抗性品種の導入，種子消毒の実施，育苗箱施用や移植時の植穴処理など少量の化学農薬による予防，フェロモン剤活用など），②的確な防除要否と防除タイミングの判断：発生予察情報の活用，圃場状況の観察など，そして，病害虫・雑草の発生が経済的許容水準を超えることが予測される段階で，③多様な手法による防除：天敵やウイルスなどによる生物的防除，粘着板などによる物理的防除，さらに，「化学合成農薬」の利用による化学的防除などを組合せ，環境負荷を低減しつつ病害虫・雑草の発生を抑制するというものである．化学合成農薬が完全に否定されるものでなく，他の手段で防除しきれない場合に，環境低負荷型（高活性，高選択性，易分解性，低毒性）の農薬を適切に活用するものとされている．

4．おわりに

農薬は殺虫，殺菌，殺草など本来，生理活性をもつ物質で少なからず毒性がある．そのため，各種のリスクを最小限に抑制するリスク分析に基づくリスクの評価・管理が行われ，適正な農薬使用が義務付けられている．その結果として，「安全な食料の安定的確保」に貢献している重要な農業資材といえる．一方，農薬のみならず商品化された多くの化学製品は，その時代の科学的知見を最大限に活用して開発され，常に技術開発の高度化を目指している．「絶対安全」や「ゼロリスク」ということはありえない．また，農薬利用・規制に関するグローバル化やさらなる国民の安全・安心への要望に対し，十分なリスク管理とはどのようなものかも検討課題として残されている．これからも科学的知見の集積が必須であると考えられ，同時に，「効果的なリスクコミュニケーション」の方法を構築し実践することも重要である．

なお,「天然物質,自然・健康食品は安全,それに対して化学合成物質は危険」と信じている人々も多い.しかし,発ガン物質を含むセロリ,マッシュルーム,ワラビ,フキ,コーヒー,毒性の強いシアン化合物を含有するキャベツなど,農産物には天然物由来の毒性物質を含むものも多く,(化学合成の)農薬によるリスクのみを恐れるのは科学的でない.農業生産技術の中で,病害虫・雑草防除資材としての農薬の開発には,農学分野のみならず,医学,薬学,理工学など総合科学による広範な研究成果を結集することが必要であり,今後の一層の連携が重要となる.さらに,安全性や利便性などを付加した農薬製剤や利用技術を目指すことで,安定的な食料生産に貢献できるものと考えている.

引用文献

Hamaguchi, H. and T. Hirooka 2007. Flubendiamide-Insecticides affecting calcium homeostasis-Flubendiamide, Modern Crop Protection Compounds. Wiley-VCH, Weinheim, Germany. Chapter 31, 1121-1137.

廣岡 卓 2007. 新しい作用機構をもつ殺虫活性物質フルベンジアミド,化学と生物,日本農芸化学会,45:381-383.

沢田治子 2008. 低薬量の新しい抵抗性誘導剤によるいもち病防除. シンポジウム「農薬による病害虫防除対策の新たな展開」講演要旨集,(社)日本植物防疫協会,東京. 33-42

Takeda S., D. L. Erbes, P. B. Sweetser, J. V. Hay and T. Yuyama 1986. Mode of herbicidal and selective action of DPX-F5384 between rice and weeds. Weed Res. Japan. 31 (2):157-163.

辻 孝三 2006. 新しい製剤を開発する. 辻 孝三編,農薬製剤はやわかり,化学工業日報社,東京. 39-42.

梅津憲治・安藤彰秀 2004. 環境に配慮した農薬の開発. 上路雅子・片山新太・中村幸二・星野敏明・山本広基編,農薬の環境科学最前線,ソフトサイエンス社,東京. 224-248.

第9章
動物感染症の制御と畜産物の安全

関崎 勉
東京大学大学院農学生命科学研究科食の安全研究センター

1. はじめに

　動物には様々な病原体の存在が知られており，中でも畜産物を介してヒトに感染症を起こすものには，動物とヒトに病気を起こす人獣共通感染症の原因となる病原体だけでなく，動物には病気を起こさないがヒトには危険な病原体も多く含まれる．厚生労働省が毎年発表している食中毒発生状況でもカンピロバクター，サルモネラ属菌，腸管出血性大腸菌など，主に畜産物に媒介される病原体が上位を占めており，動物に潜む病原体をなくすことは食の安全にとって重要な課題であることを示している．これら食中毒発生数上位にある病原体の他にも，畜産物や動物を介してヒトに感染症を起こす病原体は多く知られており，これらを含めた病原体による動物感染症の制御と農場の清浄化を計るための様々な技術開発が進められている．ここでは，食の安全確保のための動物感染症の制御について，とくに畜産物を介してヒトに感染する恐れのあるいくつかの病原体を例にして，動物感染症制御のための技術開発の問題点と現状，これらを総合して食の安全を守るための行政の取り組みについても合わせて紹介する．

2. 畜産物を介して感染する動物の病原体

　畜産物に媒介される主な動物由来感染症を表9.1に示した．これらの感染症には，前述のように，人獣共通感染症と，ヒトに重要な感染症であるが動

表9.1　畜産食品に媒介される主な動物由来感染症

感染症または病原体	主な感染源
カンピロバクター食中毒	鶏肉, 牛肉, マトン・ラム
サルモネラ食中毒	鶏卵, 鶏肉, 牛肉, ミルク
腸管出血性大腸菌 (O157など) 感染	牛肉, 牛レバーなど内臓肉
黄色ブドウ球菌	チーズ, ミルク
E型肝炎	豚肉, 鹿肉
ブルセラ属菌	牛肉, ミルク
リステリア症	チーズ
豚レンサ球菌	豚肉, 豚レバー
エルシニア腸炎	ミルク, チーズ
ボツリヌス症	蜂蜜
鳥インフルエンザ*	生きた鳥類（鶏）
BSE	牛肉
トキソプラズマ症	豚肉

*鳥インフルエンザは，食品からの感染はなく，生きた鳥に濃厚接触した場合のみ感染する．

物には病気とならないものが含まれる．前者のように，動物にも何らかの感染症を起こすもの，あるいは，もともと動物の病気として知られていたものでは，農場からと畜場への段階で殆どはその存在が発覚するため，それらの病原体で汚染された畜産物が食品として流通することはない．これは，農場においては，飼養管理者，かかりつけの獣医，家畜保健衛生所の家畜防疫員などが，動物の健康状態を常に監視しているからである．さらにと畜場から食肉加工場では，と畜場職員，食肉衛生検査所のと畜検査員などが，外見からは分からなかった体の内部の異常に対しても厳しく監視し，何らかの異常が見つかった場合には，速やかに摘発・排除の対象とするからである．図9.1に示すように，わが国では家畜伝染病予防法によって26種類の感染症が「家畜の法定伝染病」に指定されている．それらの疾病に罹患した動物が発見されると，と殺の義務や殺処分命令が下され，速やかに感染症の蔓延防止措置が施されることになっている．これらに加えて，71疾病が「家畜の届出伝染病」に指定されており，これらについても発生の届出義務とその後の蔓延防止に関する処置が定められている．家畜伝染病予防法では，この両者を合わせた97疾病を「監視伝染病」と定め，農場における発生と蔓延防止に向けた警戒体制を敷いており，常にその発生の動向が報告されることになってい

家畜保健衛生所による監視

家畜伝染病予防法

家畜の法定伝染病（26疾病）
牛疫、牛肺疫、口蹄疫、流行性脳炎、狂犬病、水泡性口炎、リフトバレー熱、炭疽、出血性敗血症、ブルセラ病、結核病、ヨーネ病、ピロプラズマ病、アナプラズマ病、BSE、鼻疽、馬伝染性貧血、アフリカ馬疫、豚コレラ、アフリカ豚コレラ、豚水疱病、家禽コレラ、高病原性鳥インフルエンザ、ニューカッスル病、家禽サルモネラ症、腐蛆病
と殺の義務、殺処分の命令

家畜の届出伝染病（71疾病）届出義務

→ 監視伝染病

監視伝染病以外や不顕性感染
- カンピロバクター
- 腸管出血性大腸菌
- サルモネラ属菌

摘発難しい
病変がない場合

食肉衛生検査所による監視

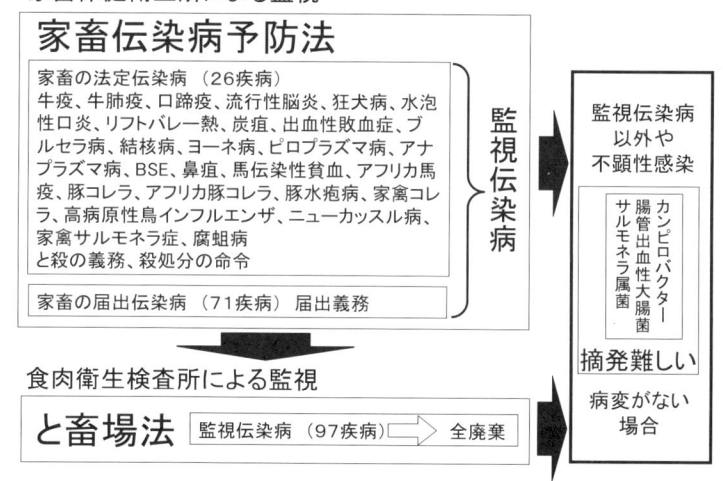

と畜場法 監視伝染病（97疾病）⇒ 全廃棄

図 9.1 動物感染症を監視する法律とその限界

る．また，と畜場法では，と畜場に搬入された動物やその肉類において，上記の「監視伝染病」への感染が認められた場合に，その肉類は全廃棄することが定められており，これらの感染症に罹患した動物由来の畜産物が食品として流通することがないよう監視されている．ここで特筆すべきは，これら監視伝染病の97疾病の中には通常は動物にしか感染しないと思われている疾病も含まれていることである．そのような動物固有の感染症に罹患した動物由来の畜産物が食品となった場合には，健康な成人のみが食べるのではない．一旦，食品となってしまえば，乳幼児，高齢者，他の疾患やその治療で免疫抑制状態にある人も食べる可能性がある．そこで，これら監視伝染病の全てを全廃棄とすることにより，食の安全を高いレベルで保とうという考えから監視伝染病なら全て全廃棄とされている．

一方，感染し病原体を保有していても発症に至らない不顕性感染と言われる状態では，上記のような何重もの監視の目をすり抜けて食品として流通してしまう場合がある．実際，致死率が極めて高い強毒な病原体でない限り，ある程度の割合で不顕性感染の症例が出現する．このような場合は，臨床症状を示す顕性感染だけを摘発する体制では，不顕性感染した病原体が畜産物

に紛れ込むのを完全に阻止することはできない．一方，ヒトには重要だが動物には病気を起こさない病原体についても，同様にそれらの摘発が困難な場合が多い．したがって，動物由来病原体が畜産物に紛れ込むケースは，主に不顕性感染と元来動物には病気を起こさずヒトに感染すると重要な病気を引き起こす場合が最も多くなる．例えば，表9.1にあるカンピロバクター食中毒やO157などの腸管出血性大腸菌は，その代表である．これらの場合，その病原体は主に鶏や牛の腸内に生息しているが，これによって動物が下痢などの病気を起こすことはない．実際，農場において無症状な動物での感染の有無を検査することの難しさが，これらの病原体による食中毒の発生を断ち切ることができずにいる最大の原因である．このように，動物には病気を起こさないがヒトに感染すると重大な結果を招く病原体では，通常の感染症対策だけでは農場における摘発作業が難しく，現在でもその制御に向けた努力が続けられている．

3．動物感染症の制御

（1）感染症成立の3要因

動物やヒトに感染症が起こるためには，感染源（あるいは病原体）と感受性宿主，そして，これらをつなぐ感染経路の3要因が必要である（図9.2）．これらのひとつでも欠けると感染症は成立しない．すなわち，感染症の制御のためには，これら3要因のいずれかひとつを無くせばいいことになる．しかし，実際には，それぞれの要因のひとつひとつを完全に断ち切ることは難しく，通常はこれら3要因全てを対象として，それぞれを無くす努力をしている．まず，病原体の排除としては，消毒薬などの薬剤で病原体を殺滅する，完全に隔離された清浄な環境で動物を飼育することなどが実施される．次に感受性動物の排除としては，ワクチンによる免疫付与，抗菌薬などの予防的投与，抗病性品種の育種などが選択される．さらに，畜舎環境の徹底した清浄化と感染した動物の摘発・淘汰によって感染経路の遮断が達成される．理論的には，これら感染症対策の基本を忠実に実施していれば，上述のように不顕性感染する病原体や動物には病気を起こさない病原体に対しても，それ

感染症成立の三要因

病原体 ⇒ 感染経路 ⇒ 宿主

対策
- 病原体：消毒薬による殺滅、無菌環境での飼育
- 宿主：ワクチン接種、予防的投薬、抗病性品種育成
- 感染経路：畜舎環境の清浄化、隔離、摘発・淘汰

⇓

一般的な衛生管理

⇓

衛生管理ガイドライン　牛、豚、鶏

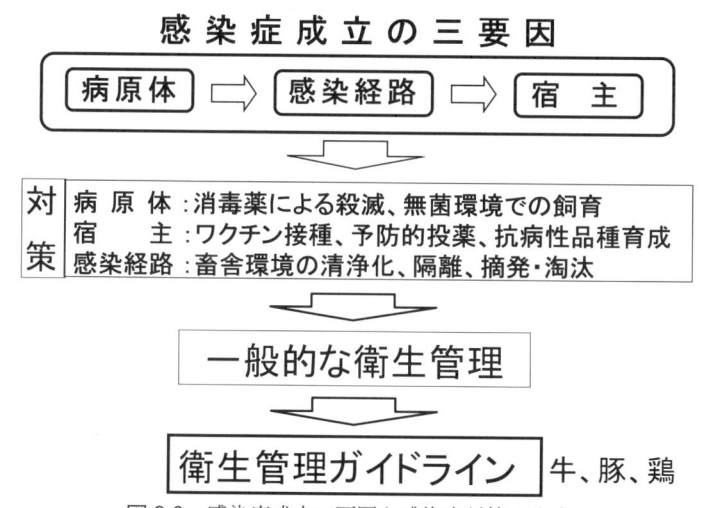

図9.2　感染症成立の要因と感染症対策の方向

らの危害因子を排除することは可能と考えられる．

（2）動物感染症対策の限界と一般的衛生管理の重要性

上記のように感染症の防除に重要な3要因が整理されていても，それぞれの対策作業をどのように実施すればよいのかが具体的に示されていないと，農場の現場ではなかなか適切な対応は不可能である．そのため，過去には，多くの農場で，最も直接的で効果が期待できると思われた宿主対策，すなわち，ワクチンや抗菌薬の投与だけに頼ることが多かった．結果として，他の要因への対策が疎かになってしまい，当然のことであるが，農場の清浄化がなかなか達成できずにいた．これらの反省を踏まえて，その他の対策，いわゆる一般的な衛生管理の重要性が次第に再確認されるようになってきた．

これらの状況を背景に，一般的な衛生管理および病原体の検出と清浄化のために，「農場から食卓まで（From farm to fork（table））」の全ての段階（フードチェーン（Food chain））」における安全確保のための対策と措置が提案された．農場における対策としては，一般的な衛生管理について科学的リスク管理に基づく感染症の未然防止として，HACCPの考え方を取り入れた

具体的な管理方法を示した「家畜生産段階における飼養衛生管理の向上について（農場HACCP等）：衛生管理ガイドライン」（農林水産省，2006）が農林水産省から公開されており，牛・豚・鶏それぞれについての一般的な衛生管理について提案されている．その概念を図9.3に示す．すなわち，家畜伝染病予防法等に基づく既成のシステムの中で，健康な素畜・飼料を農場に導入するという基本段階から始まり，次いで，一般的衛生管理の手順として，GAP = Good Agricultural Practice（適正農業基準）と呼ばれる衛生管理プログラムにより飼養作業環境の改善と家畜への汚染防止を計り，さらにHACCPシステム（後述）を農場に導入した農場管理手法によって畜産物の取り扱いを管理するという構成である．

ここで，GAPとは食品や薬品等の製造加工施設におけるGMP = Good Manufacturing Practice（適正製造基準）を農場に適用させたもので，「良い農業の実践法，あるいは，適正な農場管理とその実施」を意味する．農業者自らが策定・実践できるように農業生産工程の管理手法を明記したもので，①農作業の点検項目を決定する，②点検項目に従い作業を行い，その結果を記

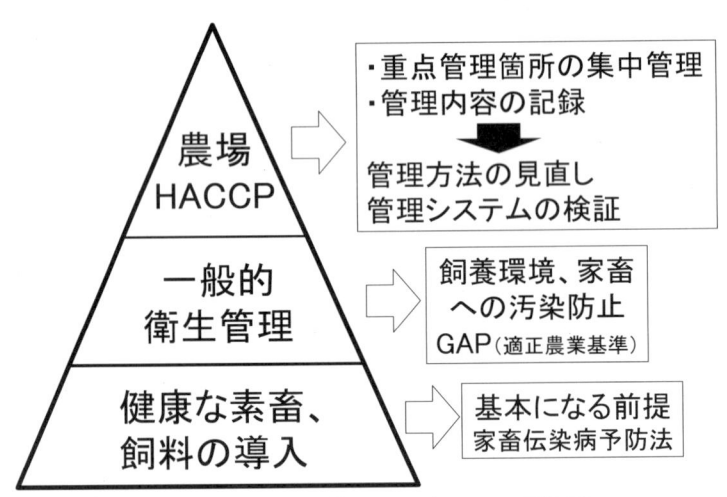

図9.3 家畜の衛生管理ガイドラインの概念図
農林水産省ホームページ（http://www.maff.go.jp/j/syouan/douei/katiku_yobo/k_haccp/）中の図を元に改変した．

録する，③記録を点検・評価し，改善点を見いだす，④それらを次の生産に活用する，といういわゆる Plan, Do, Check, Act の PDCA サイクルを農場作業にも展開しようとしている．またその目的としては，1) 安全な農産物の安定的供給，2) 環境保全，3) 農産物の品質の向上，4) 労働安全の確保であり，これらをもって 5) 農業経営の改善・効率化を計ろうとするものである．この考え方は，元々は安全な農作物の生産のために導入されてきたもので，表 9.2 に示すように A.～F. の対策や管理を行うことであるが，これらを安全な畜産物の生産にも応用しようとするものである．上述の衛生管理ガイドラインでは，この農場 GAP を基本にした一般的衛生管理マニュアルとして表 9.3 に示す各項目を定め，それぞれについて取るべき方策を具体的に細かく指示している．

表 9.2　GAP に沿った代表的な各対策

A. 病原微生物対策
　用途別の水質確認
　完熟堆肥の使用
B. 化学的危害要因対策
　カビ毒汚染の防止
　重金属汚染の確認
　農作物中の硝酸塩含有量の低減
C. 異物混入の防止
D. 生産資材の適切な使用と保管
　堆肥基準に従った適切な堆肥
　農薬の飛散防止
　病害虫の発生予察情報の活用
　耐病勢品種の導入
E. 作業記録
F. 従業員のトレーニング

表 9.3　一般的衛生管理プログラムの各項目（農場 GAP）

①素畜，飼料，飲用水等
②施設の設計，設備の要件
③家畜の取り扱い（飼育密度，管理）
④施設の保守，衛生管理
⑤作業者の衛生
⑥家畜の運搬
⑦出荷家畜に関する情報，出荷先の意識
⑧飼育従事者の教育訓練

（3）農場への HACCP システムの導入

　衛生管理ガイドラインの最終段階では，上記のような健康な家畜や飼料の導入と一般的な衛生管理による飼養環境の改善を行った上で，さらに重要な危害要因に対して重点的な作業管理を行うよう提案している．これには HACCP システムとよばれる管理システムが使われる．これは，米国の NASA において宇宙食の安全性を確保する目的で発案された安全管理システムで，その後国連の FAO／WHO 合同専門委員会であるコーデックス委員会が一般の食品製造工程への適用を推奨したことから，現在では多くの食品製

造業者における衛生管理システムとして導入されている．HACCPによる管理手法は，HA = Hazard Analysis（危害分析）とCCP = Critical Control Point（重要管理点）からなるもので，12手順と7原則から構成されている．農場の衛生管理ガイドラインでは，このHACCPの概念を農場での家畜飼養管理手順に応用させている（表9.4）．前段階として，本システムが正常に機能するように1～5の手順を実施し，その後，7原則からなる作業管理により各作業行程の中における重点管理箇所の集中管理と管理内容の記録，管理方法の見直し，および管理システムの検証を行うことになっている．

衛生管理ガイドラインのHACCPでは，動物種ごとに危害分析に必要な情報・データを全国調査により収集し，その発生要因とともに発生防止のための措置が検討された．その結果，表9.5に示すように，それぞれの危害因子を動物別に特定している．さらに，それらの危害因子に対して，危害の発生要

表9.4 HACCPシステム12手順と7原則

手順1 HACCP 専門家チームの編成
手順2 対象家畜等の明確化
手順3 意図する用途と対象消費者の明確化
手順4 飼育作業行程一覧図の作成
手順5 飼育作業行程一覧図の現場確認
手順6（原則1） 危害分析（HA）の実施
手順7（原則2） 飼育作業行程一覧図に沿った重要管理点（CCP）の設定
手順8（原則3） 各CCPにおける管理基準（許容限界）の設定
手順9（原則4） 各CCPの管理モニタリング方式の設定
手順10（原則5） 管理基準から逸脱した時の改善処置の設定
手順11（原則6） HACCPシステムの有効性確認の検証手段の設定
手順12（原則7） システム実施に係わる全ての記録の文書化と保存規定の設定

コーデックス委員会による手順を畜産農場に適用させた．

表9.5 畜産農場における危害分析

動物種	危害因子
乳用牛	サルモネラ，病原大腸菌O157，抗菌剤の残留
肉用牛	サルモネラ，病原大腸菌O157，抗菌剤・注射針の残留
豚	サルモネラ，抗菌剤・注射針の残留
採卵鶏	サルモネラ，抗菌剤の残留
ブロイラー	サルモネラ，カンピロバクター，抗菌剤の残留

全国調査を行い上記の危害因子を特定した．

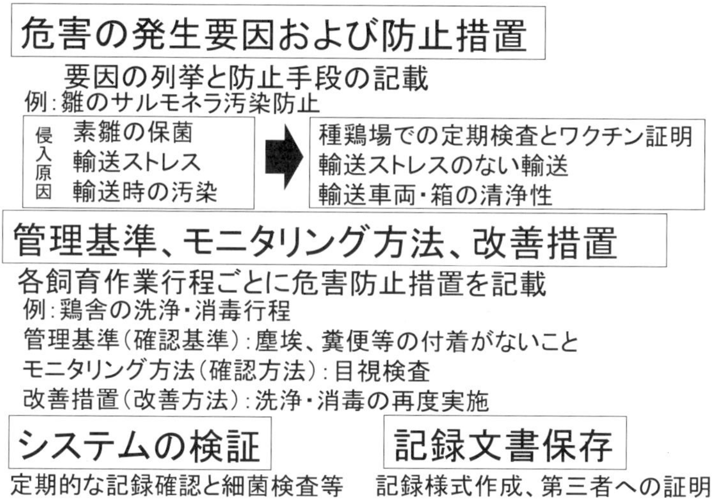

9 動物感染症の制御と畜産物の安全

危害の発生要因および防止措置
要因の列挙と防止手段の記載
例：雛のサルモネラ汚染防止

| 侵入原因 | 素雛の保菌
輸送ストレス
輸送時の汚染 | → | 種鶏場での定期検査とワクチン証明
輸送ストレスのない輸送
輸送車両・箱の清浄性 |

管理基準、モニタリング方法、改善措置
各飼育作業行程ごとに危害防止措置を記載
例：鶏舎の洗浄・消毒行程
　管理基準（確認基準）：塵埃、糞便等の付着がないこと
　モニタリング方法（確認方法）：目視検査
　改善措置（改善方法）：洗浄・消毒の再度実施

システムの検証
定期的な記録確認と細菌検査等

記録文書保存
記録様式作成、第三者への証明

図 9.4　鶏卵のサルモネラ総合対策指針における HACCP システムに従った分析と作業改善措置

因及び防止措置，管理基準・モニタリング方法と改善措置，システムの検証方法の策定，および記録文書の保存要領が策定された．これらの措置を，鶏のサルモネラ汚染防止を例として図9.4に示した．これらとは別に，個別の重要感染症についても，例えば，サルモネラ対策のための「鶏卵のサルモネラ総合対策指針」（農林水産省，2005）に，具体的に執るべき作業の要点が示されている．

4. 食の安全確保を目指した技術開発

上述のような感染症対策を確実に遂行するためには，それぞれの病原体の性質を知ることと，それに対応した技術開発が必要である．以下に，代表的ないくつかの病原体の性状とその対策や技術開発の現状を紹介する．

（1）カンピロバクター

カンピロバクター・ジェジュニ／コリは，微好気環境で発育し，主に動物の腸管内に生息しているが，胆汁，肝臓，リンパ節からも検出される．家畜

の中ではとくに鶏での保菌率が高く，50〜100％という報告がある．鳥を含め，他の動物にも病気を起こすことがないため，腸内の正常菌叢と言われることもあるが，全く保菌していない鶏も存在することから，厳密には正常菌叢とは言えない．と畜場，食鳥処理場，食肉店舗での交差汚染・二次汚染により市販生肉は高頻度（50〜80％）で汚染されている．一方，食中毒の原因食品の特定は難しい場合が多く，対策を阻害する原因となっている．農場においては，動物が病気を起こさないことから，無症状状態での清浄化はきわめて難しい．例えば，鶏の場合，孵化間近の幼雛では本菌を保菌しておらず，成長する過程で次第に感染することが分かっている．しかし，その感染源は未だに特定できていない．一方，食べる段階で出来ることは，菌が加熱により容易に死滅するため，生食・加熱不足肉を食べないことが現状でできる最も有効な対策である．また，汚染農場（鶏）と非汚染農場を識別し，汚染農場からの生肉の取り扱いに注意し，生食はしないとすることも有効な対策と考えられている．しかし，汚染・非汚染を簡単に識別できる技術はまだ無く，また，わが国では根強い生食嗜好によって食中毒の発生を完全に抑えることはできていない．そこで，まず，農場の汚染率低減に向けた対策として，農場に病原体を持ち込まないようにすると同時にその清浄な環境を維持すための種々の方策がとられている．これを，農場におけるバイオセキュリティと呼び，農場内部の確実な洗浄消毒，飼育期間中の環境境清浄化のために，ネズミや野鳥などの動物の侵入防止，農場に出入りするヒトの監視，糞の処理，従業員の長靴の消毒槽で浸漬，畜舎の換気，飼育密度の適正化などについて，厳しく管理する体制が求められている．また，鶏群へのカンピロバクターの定着を防ぐために，プロバイオティクス（生菌剤）やプレバイオティクス（善玉菌が増えるような養分）を飼料に添加する方法も注目されている．一方で，フードチェーンのいずれかの段階で，カンピロバクターを効率よく殺菌する方法が模索されており，中でもバクテリオファージ（Loc Carrillo et al., 2005, Wagenaar et al., 2005.）やバクテリオシン（Cole et al., 2006, Svetoch et al., 2005）の殺菌作用を応用する方法も模索されているが，実用化にはまだ遠い．また，環境や食品中のカンピロバクターの検出についても，

培養法，イミュノクロマト法，PCR法の改良・開発が進められており，感度・精度共に向上している．

（2）腸管出血性大腸菌

牛における保菌が最も多く，次いで羊・山羊などからの分離報告がある．農場やその環境の水や土壌が汚染され，さらにその汚染が農作物にも広がる．食中毒原因食材は，牛肉・牛挽肉，チーズ，牛乳，サラミなど畜産物が主であるが，レタス，カイワレ大根，アルファルファ，ほうれん草など農作物や井戸水への汚染による食中毒も含まれる．日本では，牛レバーの生食や野菜による食中毒が多く発生している．本菌の場合も農場で牛が症状を呈すことは殆どなく，カンピロバクター同様農場清浄化への妨げとなっている．肉への汚染は，体表に付着した糞便から起こると考えられ，と畜場に搬入される牛の体表の清浄化と，解体時の腸管の処理の改善（解体初期での腸管や食道の結紮閉鎖）が励行されている．また，本菌の検出法は，カンピロバクターと同様に改良・開発が進められているが，腸管出血性大腸菌と呼ばれるものには，O157以外にも多くの血清型の菌が検出されており，それぞれ保有する毒素や定着因子の種類や有無が異なるため，重要な全ての病原体を簡易に検出する手段は未だにない．一方，外食産業や大手スーパーマーケットなどでは，商品に対する自社検査を行うところも多く，そのための簡易検査キットなども種々開発されている．しかし，O157以外のすべての病原性大腸菌には対応おらず，感度・精度についても未だ十分とは言えない．これらのことから，消費者に対して生食に対する注意喚起を行い，汚染肉などから他の食品や調理器具への交差汚染の防止対策を呼びかけることが重要な対策となっている．

（3）サルモネラ

サルモネラ属菌は自然界に広く分布しており，家畜を含むほ乳類・鳥類以外にも爬虫類・両生類・昆虫などが保菌している．保菌家畜や家禽から畜産物が汚染される場合も多く，また，食品の生産・加工段階でサルモネラを保

有するネズミや昆虫によって汚染されることもある．その他，生食用の野菜（トマトなど）や果物による多くの食中毒事例がある．サルモネラ属菌には多くの血清型があるが，中でも S. Enteritidis（SE），S. Typhimurium（ST），S. Infantis による食中毒が多い．このうち，SE や ST を保菌している母鶏では，鶏卵内にも菌が移行する介卵感染が起こり，これにより子孫の鶏群に感染が拡大する．介卵感染した鶏卵はそれ自体で食中毒の原因となるが，お菓子の原料などに使われる液卵の中ではさらに汚染が拡大し，大規模な集団食中毒に発展する．サルモネラによる鶏の汚染では，孵化して間もない幼雛は殆どが感染し発症するが，日齢が上がると感受性が低下し，多くは不顕性の保菌鶏となる．これらによる排菌が，次の汚染と食中毒の原因となる．

1980年代に世界のエリート鶏の一部が SE に汚染され，それらのヒナがわが国を含め世界中に輸出された．これを元に，介卵感染によってその子孫であるコマーシャル鶏にも SE 感染が起こり，これが鶏卵および鶏肉を介するサルモネラ食中毒の原因となって今日に至っている．そこで，農林水産省では，日本向けに輸出される初生ヒナの検疫を強化し，輸出国におけるヒナの SE 検査と陰性証明書の提出を義務づけ，輸入検疫時に汚染が発覚するとヒナは返送もしくは淘汰するなど検疫と規制を強化した．また，厚生労働省では，産卵後3週間以内の賞味期限表示を義務づけ，マーケットや消費者にも 10℃での保存を推奨した．一方，不顕性感染鶏の集団から SE の排菌を抑制するためのワクチンも開発された（Lillehoj et al., 2000.）．これらの対策の結果，SE による鶏群の汚染は徐々に減少し，これによる食中毒の発生数は減ってきた．しかし，ワクチン使用と賞味期限の表示義務はほぼ同時期に始まったこともあり，わが国における SE 食中毒の減少にはどちらが効果的だったか不明な部分もある．

5．食品安全行政における科学的な取り組み

食の安全確保のためには，フードチェーンの各段階において，科学的な原則に基づき必要な行政措置（リスク管理）を講じなければならないとう考えが，近年の国際的共通認識となっている．さらに，食品安全行政におけるリ

スク分析の有効性が国際的に広く認識されて，リスク分析の3要素である「リスク管理」，「リスク評価」と「リスクコミュニケーション」の推進が世界標準となっている（図9.5）．わが国においても，リスク管理については，農林水産省によって，①農林水産物の食品としての安全の確保に関する業務のうちの生産過程に係るリスク管理措置，②農林水産物の生産，流通および消費の増進，改善および調整に関する業務などが実施され，厚生労働省においては，①飲食に起因する衛生上の危害要因の発生防止，②販売の用に供し，又は営業上使用する食品などの取締りに関する業務を実施している．これらについては，両省によりまとめられた「農林水産省及び厚生労働省における食品の安全性に関するリスク管理の標準手順書」（農林水産省厚生労働省，2005）に，フードチェーンの各過程における食品安全に関するリスク管理を行う上で，必要となる標準的な作業手順が示されている．その手順概要と考え方を図9.6にまとめた．

一方，リスク評価については，食品安全基本法により，食品の安全確保に

リスクコミュニケーション
消費者・食品関連業者、行政機関の間で相互に情報交換
（リスクに関連のある因子、リスクがどのように受け止められているかを、すべての関係者間で話し合っていくこと）

リスク評価
食品中の危害要因の摂取とその影響を科学的なプロセス（危害原因の確認、暴露評価、被害解析、リスク特性解析）で評価すること

リスク管理
リスク評価に基づき、技術的な実行可能性を考慮し、規格・基準の設定など政策・措置を決定・実施すること

図9.5 リスク分析の考え方

リスク分析では，まずリスクコミュニケーションがなくてはならない．その上で，リスク評価とリスク管理の両輪がそれぞれ作業を行うと共に，相互に情報をフィードバックさせる．そして，それらの情報を逐次リスクコミュニケーションによって消費者・食品関連業者へ伝えていかなくてはならない．

食品安全に関する問題点の特定
リスクプロファイルの作成
危害要因の優先度の分類
リスク評価方針の作成
リスク評価の依頼
　　→食品安全委員会
　　↓答申
リスク評価結果の考察

リスク管理措置の策定

リスク管理措置の実施

管理措置の有効性検証と再検討

図9.6　農林水産省および厚生労働省における食品の安全性に関するリスク管理の標準手順書の概要と考え方

1. 自らの判断でリスク評価を行うべき案件の選定
2. リスク管理機関から諮問を受ける場合の必要事項
3. リスク評価
　1)リスク評価の構成要素
　　Hazard Identification
　　Exposure assessment
　　Hazard characterization
　　Risk characterization
　　実施手順
　　データの取り扱い
　2)評価の形式
　3)専門調査会下部組織の設置
　4)リスクコミュニケーション
　5)評価結果の提示
4. 答申後のリスク評価の検証と再評価
5. 指針の見直し

図9.7　食品により媒介される微生物に関する食品健康影響評価指針における目次項目

ついてフードチェーンの各過程において，科学的知見に基づき必要な措置（リスク評価）を講じなければならないことが定められている．そのため，食品安全委員会により，「食品により媒介される微生物に関する食品健康影響評価指針」（内閣府食品安全委員会，2007）が公表された．その目次を図9.7に示す．これは，国際的に共通して採用されているリスク評価の作業を行うにあたって，わが国のリスク評価機関である食品安全委員会とリスク管理機関である農林水産省および厚生労働省との関係にも対応させ，リスク評価をリスク管理機関からの諮問だけでなく，食品安全委員会が自ら問題提起して評価を行う案件についても明確にその手順を示したものである．この指針を基に，食品安全委員会では，これに沿ってそれぞれの病原体と対象食品ごとにリスク評価の作業が進められている．そこでは，「鶏肉を介したカンピロバクター食中毒」，「鶏卵・鶏肉を介したサルモネラ食中毒」，「牛肉・牛レバーなど内臓肉を介した腸管出血性大腸菌（O157など）感染」，「カキを主とした二枚貝を介したノロウイルス感染」など具体的な食品とそれらに媒介される病原体を特定し，そのリスク（病原体が特定の食品に存在して生じるヒトの健康に及ぼす悪影

響の発生確率と影響の程度）を推定する作業，具体的に講じる管理措置，およびその結果のリスクの変化を明確にする作業が進められている．それらの評価結果が今後の具体的なリスク管理施策へ反映されるものと期待される．一方，それぞれの病原体ごとに，さらに技術開発が進まなければ，適切な管理措置を行うこともできないため，それら技術開発とリスク評価の両者における進展が今後のリスク管理措置にとって重要な事柄となる．

6．おわりに

　食の安全確保に必要な技術については，病原体の検出感度と精度を上げることが求められている．これには，上記以外にも様々な学際的分野を取り込んだ多くの技術開発が必要である．一方で，より正確なリスク評価やリスク管理行政を推進するためには，病原体そのものの性質だけでなく，それらが農場の動物を汚染する感染源と感染成立の条件，農場以降のフードチェーンに入り込むための条件，ヒトに感染するための条件，宿主（ヒト）側の要因による感染発症と重篤度の違いなどについてさらに情報を蓄積していく必要がある．これら求められる技術開発のために農学の果たすべき役割は，今後もさらに大きくなっていくことと思われる．

引用文献

Cole K, Farnell MB, Donoghue AM, Stern NJ, Svetoch EA, Eruslanov BN, Volodina LI, Kovalev YN, Perelygin VV, Mitsevich EV, Mitsevich IP, Levchuk VP, Pokhilenko VD, Borzenkov VN, Svetoch OE, Kudryavtseva TY, Reyes-Herrera I, Blore PJ, Solis de los Santos F, Donoghue DJ. 2006. Bacteriocins reduce *Campylobacter* colonization and alter gut morphology in turkey poults. Poult Sci. 85：1570-1575.

Lillehoj EP, Yun CH, Lillehoj HS. 2000. Vaccines against the avian enteropathogens Eimeria, *Cryptosporidium* and *Salmonella*. Anim Health Res Rev. 1：47-65.

Loc Carrillo C, Atterbury RJ, el-Shibiny A, Connerton PL, Dillon E, Scott A, Connerton IF. 2005. Bacteriophage therapy to reduce *Campylobacter jejuni* colonization of broiler chickens. Appl Environ Microbiol. 71 : 6554-6563.

内閣府食品安全委員会2007. 食品により媒介される微生物に関する食品健康影響評価指, 内閣府食品安全委員会 http://www.fsc.go.jp/senmon/biseibutu/hyouka-sisin.pdf.

農林水産省厚生労働省2005. 農林水産省及び厚生労働省における食品の安全性に関するリスク管理の標準手順書, 農林水産省消費安全局 http://www.maff.go.jp/j/syouan/seisaku/risk_analysis/sop/.

農林水産省2005. 鶏卵のサルモネラ総合対策指針, 農林水産省消費安全局動物衛生課 http://www.maff.go.jp/j/syouan/douei/eisei/e_kanri_kizyun/sal/index.html.

農林水産省2006. 家畜生産段階における飼養衛生管理の向上について（農場HACCP等）衛生管理ガイドライン, 農林水産省消費安全局動物衛生課 http://www.maff.go.jp/j/syouan/douei/katiku_yobo/k_haccp/.

Svetoch EA, Stern NJ, Eruslanov BV, Kovalev YN, Volodina LI, Perelygin VV, Mitsevich EV, Mitsevich IP, Pokhilenko VD, Borzenkov VN, Levchuk VP, Svetoch OE, Kudriavtseva TY. 2005. Isolation of Bacillus circulans and Paenibacillus polymyxa strains inhibitory to *Campylobacter jejuni* and characterization of associated bacteriocins. J Food Prot. 68 : 11-17.

Wagenaar JA, Van Bergen MA, Mueller MA, Wassenaar TM, Carlton RM. 2005. Phage therapy reduces *Campylobacter jejuni* colonization in broilers. Vet Microbiol. 109 : 275-283.

シンポジウムの概要

大熊　幹章
日本農学会副会長

　昭和4年に設立された日本農学会は，平成21年11月に創立80周年を迎えた．そこで毎年秋に開催するシンポジウムを，今回は日本農学会創立80周年記念シンポジウムと位置付け，農学に課せられた最大の使命である食料問題の解決に向けて，シンポジウム「世界の食料・日本の食料」を開催した．まず，9人の先生方からご講演をいただいたが，それらは，第1部　食料需給問題，第2部　食料の安定供給のための技術開発，第3部　食の安全確保のための技術開発，の3部から構成されている．9つの講演が終了した後，講演者をパネリストとしてフロアーの方を交えて総合討論を行った．以下に9つの講演の内容を中心に，シンポジウムの概要を示す．

［講演］

第1部　食料需給の現状・展望・課題

　1．まず始めに，大賀圭治氏（日本大学）は，「世界の食糧事情と日本農業の進路」と題して，穀物を中心とする食糧需給の現状と課題について次のように述べた．2007年後半より穀類の国際取引価格が2〜3倍にも急騰し，そのために食糧不足が世界各地に起き，20数ヵ国では価格高騰への抗議，そして暴動も発生した．食糧を十分に得ることの出来ない貧困者の数が1億人を越えてしまったとFAOは報じている．穀物価格高騰の原因として，投機マネーが食糧市場へも流入したことが大きな要因としてあげられているが，世界的不況の中でも価格が高水準にある背景には，国際的な食糧需給の構造変

化があることを指摘しなければならない．その一つは，石油代替燃料としてのバイオマス燃料への期待が高まっており，作物のバイオ燃料への転用による，人間のエネルギーとなる食糧と自動車のエネルギーとなる燃料の競合問題の登場である．もう一つは，世界最大の人口を有する中国，インド，そしてロシア，ブラジルにおける急速な経済成長による資源需給および食糧需給構造の変化である．穀物，飼料，大豆，砂糖などの基本的食糧を輸入に依存する日本は，その供給構造を国際穀物需給構造の変化にどう適用して行くか，食糧の自給率を如何にして向上せしめるか，という大きな課題に取り組まなければならない．東アジア経済共同体レベルでの自給確立も考えられる．

2．次に，福田　晋氏（九州大学）は，講演「世界の畜産事情と日本畜産の可能性」において，グローバル化した経済環境の下で畜産物の需給動向を概観するとともにわが国畜産の可能性を展望したが，ここでは環境問題，安全性問題に加えて国内土地利用と密接に関わる大家畜に焦点を当てて考察している．畜産物の世界的需給状況については，肉類の消費量が各品目とも増加する見通しであり，価格も上昇を来している．中でも中国を中心とするアジアにおける食肉の消費動向が大きな鍵を握っていると言えよう．開発途上国における，家畜疾病対策の整備状況，経済発展や人口問題に左右される国内消費の不透明さなど不安定要因も抱えていることを指摘せざるを得ない．とりわけ，環境問題は畜産の長年の懸案事項であり，資源の効率的利用および持続可能な循環型畜産の推進が強く望まれている．わが国の畜産供給構造は，一般的に零細な経営は市場から退散し，大規模経営がシェアーを高め，認定農業者割合も相対的に向上し，いわゆる構造政策が成功した分野として評価されるゆえんである．しかし，その内実は土地利用から離脱し，輸入穀物に依存した加工型畜産としての発展であった．その結果もたらされたものは，家畜排泄物の過大な供給であり，不適切な処理による土壌の化学汚染，地下水等への影響，臭気発生等の問題であった．国民，消費者から生産が隔離された中で発展を遂げてきたと素描されよう．このような中で，家畜排泄物法の施行は，家畜排泄物の適切な処理を義務付けるという画期的な政策であった．しかし，飼料基盤としての農地から離脱した畜産経営に堆肥ニーズ

はなく，排泄物の効果的な利用開拓が課題である．また，遊休農地や食品残廃物等，未利用資源活用型畜産の展開を図ること，公共牧場やTMR工場の設置，設立が望まれる．

3. 講演「世界の水産事情と日本水産業の課題」において小野征一郎氏（近畿大学）は，世界の水産物需給が中長期的に引き締まり基調で推移する中で，水産基本計画を念頭に置きながら日本が取り組む政策課題ならびに水産業の意義について検討している．諸外国と日本の水産物消費量の推移を見ると，日本以外全ての国では増加傾向にある．これに対して日本はジグザグの動きをたどりむしろ減少傾向にあるが，消費量そのものは他と隔絶し，EU，アメリカ，中国のいずれと比べても2倍以上の水準にある．いずれにせよ，漁獲量の頭打ちが見られる中で，需要量と生産量の需給ギャップが拡大し，水産物価格は上昇すると見通している．今後のわが国水産政策の課題を考えるとき，漁業経営を漁業生産に限定することなく，流通・加工・外食を含んだトータル経営として構想することが求められている．欧米・中国の水産物需要が増大し，供給力に制約のある水産物の価格上昇が予測され，日本の「買い負け」も生じている．種々の経緯から，日本の水産業・水産政策は，漁業管理・資源管理を第一義とするに至っている．なお，最近の水産エコラベルの登場にも注意すべきであろう．これは水産基本計画にも明記され，「生態系や資源の持続性に配慮した方法で漁獲管理された水産物であることを示すラベル」と定義されている．水産資源の過剰漁獲を防ぎ，究極的には消費者に利益をもたらすシステムであることは確かである．

第2部 食料の安定供給を目的とした技術開発

1. 岩永　勝氏（農研機構・作物研究所）は講演「食料危機を克服する作物育種」で，世界同時食料危機の到来に言及する中で食料需要の増加に供給が追いつかない，という構造的な問題の存在を指摘した．穀類生産性増よりも人口増加率が高く，耕地面積拡大は不可能で単位面積当たりの生産性（単収）増加に頼る他ない．今，単収の倍増が必須の状況になっているのである．1960年代初期に南アジアの深刻な飢餓を救った「緑の革命」では，育種技術

が中核的役割を果たした．ところで，過去20年あまりの分子遺伝学の理論と手法の革新的発展は目を見張るものがある．この分子遺伝学という武器を現場の育種にどう結びつけるかが課題であるが，最近2つの点で大きな進展があった．一つは分子マーカー利用育種をさらに一歩進めて「ゲノム選抜」が利用され始めたことである．もう一つはバイテク（形質変換）育種の利用である．このような分子レベルでの分析と操作力の向上は大きな力となるものと考えるが，世界の農業問題に立ち向かうためには，統合的視野が必要である．また，研究の出口として国内農業だけではなく世界の農業を視野に入れなければならないことは言うまでもない．

2．寺田文典氏（農研機構・畜産草地研究所）は，講演「畜産物の安定供給を目指した技術開発」で，わが国における畜産物生産の現状を分析し，海外からの安価な飼料資源に依存したわが国畜産の生産構造は，食料の安定的供給と畜産経営の持続性という観点から多くの問題があると指摘し，安定的な畜産物供給のための技術開発方向について考えを報告した．飼料増産のために水田における飼料イネの栽培が進んでいる．飼料イネ専用品種も多様なものが開発され，休耕田への作付けや二期作，二毛作技術への展開が期待される．トウモロコシは栄養価の高い飼料作物で新品種の開発や収穫調整技術の開発が進められているが，細断型ロールベーラの開発は省力的な作業大系の確立に役立った．また，集約的な草地利用技術（集約放牧）や耕作放棄地等を活用する小規模移動放牧など，新しい放牧技術が展開している．これらは直接的には飼料高騰に対処するものであるが，同時に荒廃した農地の回復を通じて地域の振興や国土保全に役立つものと評価されている．畜産の家族経営は労力的に限界に来ており，さらに飼養技術の高度化に伴い，分業化，協業化が指向されている．飼料栽培・収穫・調整作業を請け負うコントラクターや栄養バランスの整った飼料を大量に調整して配送するTMRセンターの普及はその端的な例である．さらに，飼料資源としての食品残さの利用に関する研究と普及への取り組みが進められている．しかし食品小売業や外食産業からの残さの飼料化利用率はまだ低い．技術の開発が待たれる．家畜生産における繁殖性を高めることも重要である．

3. 講演「水産物の安定供給を目的とした技術開発」において吉崎吾朗氏（東京海洋大学）は，自然の海から今までのような速度で魚介類を採捕し続ける時代は終焉を迎え，今後水産物を安定供給していくためには，①持続的な養殖漁業の推進，②人為的に生産した稚魚を天然水域へ放流する栽培漁業の推進，が有効な策であると述べた．天然資源に依存せず水産物供給が可能である養殖が既に不可欠な存在になっている．しかし，現状の養殖技術には問題点が存在する．一つは，養殖魚は育種がほとんど行われておらず，人が食するために最適な遺伝形質を保持しているとは言い難いことである．DNAマーカーを用いた選抜研究も開始されており，今後の展開が期待される．二つ目の問題は，多くの魚種の養殖には魚粉と魚油を用いた餌が不可欠であるということである．すなわち，養殖業は「魚から魚をつくる」産業であり，植物性の原料から付加価値の高いマグロやブリのような肉食性回遊魚を作り出すことは困難である．栽培漁業においても人工種苗の生産技術は重要な課題であるが，前述の育種とは反対に遺伝的多様性の確保が重要な課題である．人工種苗の放流により天然集団の遺伝的組成を攪乱することがないように配慮しなければいけない．このことは自然集団の遺伝的背景を反映する十分量の個体数の親魚から受精卵を採取して種苗生産に用いれば解決する．しかし，クロマグロのような大型魚種では，大量の親個体の維持管理に莫大なスペース，コスト，労力が掛かり産業化が進まない．前述のような様々な問題点を解決する方策として，発生工学的なアプローチが期待される．実際に様々な遺伝子導入個体の作出が試みられている．生長ホルモン遺伝子導入，脂肪酸代謝酵素の遺伝子導入などが幅広く試みられている．一方，胚操作技法を駆使した技術開発も進んでいる．特に生殖細胞移植技術を用いることによるクロマグロの人工種苗生産の事業化や養殖対象魚種の育種が重要な課題となっている．

4. 安定供給を目指した技術開発に関する第2部門の最後に，干場信司氏（酪農学園大学）は，「持続性・循環を目指した農業生産技術・システムの総合評価」と題して，技術開発研究の評価論を展開した．ここではモデルは家畜生産である．これからの農業生産・家畜生産を考えるとき生産量と経済効率

だけではなく，環境との調和，家畜福祉，生産者や地域の生活という視点からの評価が重要であると考えている．評価指標として，①経済性，②環境負荷，③投入エネルギー，④家畜福祉，⑤人間福祉，の5項目を取り上げた．これらの評価指標を用いて，家畜生産における放牧の評価，および濃厚飼料給与量の影響評価，を事例として考察している．まず，放牧酪農の評価では，放牧を始める前後の評価値を比較したが，全体として放牧開始が良好な結果を生みだしていることが認められた．次に濃厚飼料給与量の影響についての調査事例の結果を見てみると，全体的に濃厚飼料給与量の増加は，必ずしも酪農経営を良好にしているとは言い難い．これらの成果は普遍的なものとは言えないが，これまで長い間酪農家が夢としてきた規模拡大と乳量増加の神話を見直す時期に来ていることを示しているであろう．まさに「量から質」の時代である．そして環境問題，エネルギー問題，家畜と人間の幸福度等，新しい因子をも考慮したこれからの酪農経営方法を探る時代が到来しているものと考える．ここで示した5指標による評価法の有効性が認められた．

第3部 食の安全確保を目的とした技術開発

ここでは農薬利用技術と動物感染症についての課題が述べられた．

1. 上地雅子氏（日本植物防疫協会）は，「食料の安定供給と安全確保を目指す農薬利用技術」と題して食料の安定供給を実現するために農薬が果たしてきた重要な役割を解説するとともに，農薬利用による環境汚染，健康阻害等負の側面について技術開発の現状と将来について講演を行った．農薬の様々なリスクを軽減するために，農薬有効成分の開発方向として①低薬量・低投入型，②高選択性，③易分解性，④低毒性，等の性能発現を目指すべきである．さらに，⑤農薬の利便性と安全性を高める農薬製剤と施用技術の改良も必須である．新規農薬は優れた特性を具備しているにもかかわらず，化学合成農薬に対する人の健康や生態系への影響など負のイメージを完全に払拭することが出来ない状況にある．そして化学合成農薬の使用を制限する有機農業に期待がもたれていることも事実であるが，有機農業に大きく依存することが出来ないことは明らかである．農業生産技術の中で，病害・雑草防

除資材としての農薬を，これまで以上に，低負荷型，高選択性，易分解性，低毒性のものに，また，安全性や利便性などを付加した製剤や利用技術の開発を目指すことで安定的な食料生産に貢献できるものと考えている．

2．最後に関崎　勉氏（東京大学）は，講演「動物感染症の制御と畜産物の安全」の中で，食の安全確保のための動物感染症の制御について，特に畜産物を介して感染する恐れのあるいくつかの病原体を例にして，動物感染症制御のための技術開発の現状と課題，さらにこれらを総合した食の安全を守る行政の取り組みを紹介した．動物が病原体に感染し，病気を発症している場合には発症が確認された時点でほぼ例外なく摘発・排除されるので，その畜産物が食品として流通することはない．しかし，感染し病原体を保有していても発症に至らない場合は監視の目をすり抜けて食品として流通する危険性がある．動物由来病原体が畜産物に紛れ込むケースは，この症状を呈しない不顕性感染か，元来動物には病気を起こさないがヒトに感染すると病気を引き起こす場合である．これらの病原体の摘発作業は大変難しい．代表的な3つの病原体，カンピロバクター，O157等の腸管出血性大腸菌，およびサルモネラ菌を取り上げ，それらの性状と対策，技術開発の現状を紹介した．動物感染症を制御するためには，感染源（病原体），感受性宿主および感染経路の3要件のいずれか（あるいは全て）をなくすことである．この方向で対策が講じられている．食の安全確保のためには，フードチェーンの各段階で科学的原則に基づき必要な行政措置（リスク管理）が取られねばならない．一方，技術的には病原体の検出感度と精度を上げることが求められる．様々な学際的分野を取り込んだ多くの技術開発が必要である．

［総 合 討 論］

以上の講演をもとに，総合討論が行われたが，時間的制約のある中で活発な討論がなされた．以下に，話題として出された主要な項目を列挙する．

1）食料の安定供給を確保するために東アジア経済共同体レベルで自給確立を図るという構想は大変ユニーク．今後安全保障の一分野として連携の可能性が高まると考えるが，中心になる中国の食料生産に将来性はあるのか，

食の安全性，社会の格差など不確定要因が山積しており将来の食料供給を依存することが現実的か？共同体構想よりもわが国の食料自給率の向上を第一に考えるべきではなかろうか．2）穀物の植物工場生産普及の可能性はあるのか？そこでは GMO による育種も有効になろう．3）今後の水産業の展開を図るには，養殖漁業を中心に据えるべきである．また，商業捕鯨の再開は不可能なのか？4）小規模放牧の展開を草地入会地の有効活用として評価されたことに共感を覚える．5）飼料用イネの栽培は大変有効と思う．飼料イネの成分規定があるのか．6）作物，畜産物，水産物等の食料生産における収量増加のために GMO 適用に関して国民の理解を得ることが大切．どのようなアプローチを行っているのか．化学合成農薬の使用についても同様である．7）持続的循環を目指した農業生産システムの総合的評価は大変興味深い．日本の農業に将来性があるのか，この方法で総合的評価が出来ないか．8）輸入畜産物の安全性は十分に確保されているのか．等々の意見，質問が出され，適切な議論が展開された．

　将来100億人に達する地球人口を養うためには，食料の生産性を倍増しなければならないという事実は大変厳しい．農学に課せられた使命，責務は大きく，その達成に全力を傾けねばならない．一方，シンポジウムの中で明らかにされたように，農学の科学・技術手法の発展は目覚ましいものがあり，人口の増加，地球環境の劣化，資源の枯渇という厳しい条件の下で使命達成に明るい道が明示されたように思う．食料生産は，植物・動物の生命力が太陽エネルギーと水，土地（土壌）の力を利用して行うものであり，その条件を整え，実行を効率化する科学と技術がまさに農学であり，その現場が農業・畜産業・水産業である．決して工学・工業が中心的役割を果たすことは出来ない．農学会創立80周年を記念して行われた今回のシンポジウムは，食料の安定供給，食の安全確保に関わる農学研究の重要性を明らかにしたものであった．

著者プロフィール

敬称略・五十音順

【岩永　勝（いわなが　まさる）】
　ウィスコンシン大学マディソン校大学院博士課程修了．国際研究機関CIMMYT（国際トウモロコシ・小麦改良センター）所長を経て，現在は（独）農業・食品産業技術総合研究機構作物研究所・所長．専門分野は植物育種・遺伝学．2006年日本農学賞・読売農学賞受賞．

【上路　雅子（うえじ　まさこ）】
　東北大学農学部卒業．農林省農業技術研究所，農業環境技術研究所農薬動態科長，（独）農業環境技術研究所理事を経て，現在は（社）日本植物防疫協会技術顧問．専門分野は農薬科学・環境化学．

【大賀　圭治（おおが　けいじ）】
　東京大学農学部卒業．農林省，FAO経済政策局商品部計量経済専門官，国際食料政策研究所上級研究員，国際農林水産業研究センター企画調整部長，東京大学大学院農学生命科学研究科教授を経て，現在は日本大学生物資源科学部教授．専門分野は食料経済学・国際環境経済学．

【大熊　幹章（おおくま　もとあき）】
　東京大学農学部卒業．東京大学名誉教授．現在は（財）日本住宅・木材技術センター特別研究員．専門分野は林産学・木材利用学．

【小野　征一郎（おの　せいいちろう）】
　東京大学大学院経済学研究科博士課程単位取得．東京水産大学（現・東

京海洋大学）教授を経て，現在は近畿大学教授．専門分野は水産経済学・フードシステム論．

【鈴木　昭憲（すずき　あきのり）】
　東京大学農学部農芸化学科卒業．東京大学名誉教授・秋田県立大学名誉教授．元東京大学副学長・元東京大学農学部長，元秋田県立大学長．専門分野は農芸化学・生物有機化学．2005年度文化功労者．

【関崎　勉（せきざき　つとむ）】
　北海道大学大学院獣医学研究科修士課程修了．農林水産省家畜衛生試験場研究室長，（独）農業・食品産業技術総合研究機構動物衛生研究所研究チーム長を経て，現在は東京大学大学院農学生命科学研究科教授．専門分野は獣医細菌学．

【寺田　文典（てらだ　ふみのり）】
　東北大学農学部卒業後．農林水産省畜産試験場栄養第一研究室長を経て，現在は（独）農業・食品産業技術総合研究機構畜産草地研究所企画管理部長．専門分野は家畜飼養学．

【福田　晋（ふくだ　すすむ）】
　九州大学大学院農学研究科博士課程終了後，宮崎大学助教授，九州大学准教授を経て，現在同教授．専門分野は農業経済学・食料流通学．

【干場　信司（ほしば　しんじ）】
　ミネソタ州立大学大学院農業工学科修士課程修了．北海道立新得畜産試験場研究員，北海道大学農学部助手，農林水産省北海道農業試験場農村計画部農地農業施設研究室長を経て，現在は酪農学園大学酪農学科教授．専門分野は家畜管理学・農業施設学．

【吉崎　悟朗（よしざき　ごろう）】
　東京水産大学大学院水産学研究科博士後期課程修了．テキサス工科大学博士研究員を経て，現在は東京海洋大学海洋科学部准教授．専門分野は魚類発生工学・魚類繁殖生理学．

Ⓡ 〈学術著作権協会委託〉

2010　　　2010年4月5日　第1版発行

シリーズ21世紀の農学
世界の食料・日本の食料

著者との申
し合せによ
り検印省略

編著者　日本農学会

発行者　株式会社　養賢堂
　　　　代表者　及川　清

©著作権所有

定価2000円
(本体1905円)
　税　5％

印刷者　株式会社　丸井工文社
　　　　責任者　今井晋太郎

〒113-0033 東京都文京区本郷5丁目30番15号

発行所　株式会社 養賢堂　TEL 東京 (03) 3814-0911　振替00120
　　　　　　　　　　　　　FAX 東京 (03) 3812-2615　7-25700
　　　　URL http://www.yokendo.co.jp/
　　　　ISBN978-4-8425-0467-4　C3061

PRINTED IN JAPAN　　　製本所　株式会社丸井工文社

本書の無断複写は、著作権法上での例外を除き、禁じられています。
本書からの複写許諾は、学術著作権協会 (〒107-0052 東京都港区赤
坂9-6-41乃木坂ビル、電話03-3475-5618・FAX03-3475-5619)
から得てください。